大连南部海域底栖生物图谱

冯 多　周 玮　主　编

张津源　桑田成　张建强　杨大佐

曹善茂　姜玉声　王仁波　副主编

海洋出版社

2022 年 · 北京

图书在版编目（CIP）数据

大连南部海域底栖生物图谱/冯多，周玮主编 . —
北京：海洋出版社，2022.9

ISBN 978-7-5210-0733-6

Ⅰ.①大…　Ⅱ.①冯…　②周…　Ⅲ.①海洋底栖生物
-大连-图谱　Ⅳ.①Q178.535

中国版本图书馆 CIP 数据核字（2022）第 162457 号

责任编辑：常青青

责任印制：赵麟苏

海洋出版社　　出版发行

http：//www. oceanpress. com. cn

北京市海淀区大慧寺路 8 号　邮编：100081

鸿博昊天科技有限公司印刷

2022 年 9 月第 1 版　2022 年 9 月北京第 1 次印刷

开本：787mm×1092mm　1/16　印张：10.75

字数：142 千字　定价：198.00 元

发行部：010-62100090　邮购部：010-62100072　总编室：010-62100034

海洋版图书印、装错误可随时退换

前 言

实施新一轮全海域大规模渔业资源环境普查，全面掌握渔业资源环境状况，这是大连渔业历史上的首次，特别值得肯定，特别值得赞赏，特别值得珍惜。

大连市是著名海洋与渔业城市，悠久的海洋历史、优良的资源禀赋、雄厚的产业基础、独特的渔业文化都昭示着大连这片海域蕴藏着巨大发展潜力，寄托着生活在这片海域的人民的深情厚望。

在 20 世纪 80 年代初，大连市曾做过一次渔业资源调查，那次的调查结果用于指导渔业生产，一直沿用至今。目前，这些数据已难以准确反映自然资源环境的实际情况。此次调查工作持续了 3~5 年，调查范围涉及大连市所辖海域 2 600 多个站点，旨在通过客观调查数据制定海洋与渔业中长期发展规划，为加快推进现代国际海洋城市建设和发展提供科学依据。

建设大连全海域的基础信息数据库，是推进"智慧海洋+智慧渔业"建设，打造"数字海洋+数字渔业"城市，发展数字海洋经济与数字渔业经济的一项新旧动能转换工程，是延长产业链、提升价值链、维护生态链的一项战略性工程，是强化海域生态修复、提升海水健康养殖、拉动现代海洋牧场、培育新型数字产业体系、促进海洋渔业科技创新、夯实基础设施水平、提升装备现代化能力、构筑海洋渔业信息化高地的一项基础性工程。大连海域渔业资源环境普查项目的实施，对海洋生态环境保护、资源节约合理利用和调整供给结构方式，构建现代海洋渔业管理和现代渔业产业体系，开拓海洋渔业智慧化、智慧海洋渔业产业化的新格局，具有多高评价也不为过的历史意义和现实意义。可以说，功在"十三五"，利在2049。

我们注意到海洋调查从调查方法、调查技术到作业模式正在发生着革新。新方法、新技术、新仪器、新设备、新手段、新作业模式不断地被引入和采用，提高着调查效率和调查质量。通过大型海洋调查工程的实施，不仅建立了海洋与渔业大数据库，还可拉动相关信息产业形成，走上项目—产业—项目良性循环之路。这些国内外的新动向、新趋势，值得借鉴和吸纳。大连海域渔业资源环境普查Ⅰ期工程由大连海洋大学作为中标单位，得到了各领域专家学者和各方面人员、大连海洋大学师生的鼎力支持。严谨勤勉、科学求真、集思广益、同心协力，他们的专业能力和敬业精神深深地感动着我们，激励着我们，鞭策着我们。我想，这可能是本次调查收获的更宝贵财富，值得参加本次调查的全体成员倍加珍惜、倍加珍重。

党的十九大报告特别强调"坚持陆海统筹，加快建设海洋强国"。新时代，大连海洋与渔业发展面临政策环境向好、战略地位凸显、资源优势突出、发展基础坚实等诸多优势，同时也面临着近岸海域后备资源不足、海洋生态环境质量仍不容乐观、海洋生物资源日渐衰竭、渔业发展质量效益有待提升等诸多挑战。

在党的十九大精神的鼓舞下，辽宁省委省政府提出进一步推动落实辽宁沿海经济带等三大区域发展战略。大连市委市政府把沿海经济带建设作为全市经济社会发展的主要抓手来抓。在大连市委市政府的审时度势、科学决策下，在市发展改革委、市财政局、市环保局的倾心支持、通力协调下，在市海洋与渔业局精心组织、全力推进下，大连海域渔业资源环境普查立项并实施，正当其时，适当其势。本次调查现已取得阶段性成果，可喜可贺。调查的最终成果将直接服务于《大连 2049 城市愿景规划》，应用前景非常广阔，极具价值。

潮平两岸阔，风正一帆悬。

2019 年 11 月

目　录

第一章 概 述

一、背景及意义

大连地处辽东半岛的最南端,东南面黄海,西临渤海,是著名的海滨城市。大连海岸线长 2 211 km,40 m 水深以内近海增养殖可利用水域面积200万亩①,沿岸滩涂面积97万亩。丰富的海域资源和黄渤海沿岸特有的海域环境为大连海水增养殖业的发展提供了得天独厚的条件。早在 20 世纪 60 年代,大连就在全国率先开发了贻贝浮筏养殖,随后又相继开发了紫菜、海带、裙带菜、对虾、扇贝、鲍和海参等海珍品养殖。经过近半个世纪的发展,大连的海水增养殖产业从无到有,从小到大,并以皱纹盘鲍、刺参、扇贝、海胆、裙带菜和海带为代表的大连特色海珍品闻名海内外。大连市的海水增养殖产业已经发展成为具有鲜明特点的特色产业。

2007 年的调研显示,随着 20 世纪末国内实行近海捕捞"零增长"政策,大连海水增养殖产业得到了迅速的发展,海水养殖总产值在全市农业总产值的比例超过 60%。2006 年全市水产品总产量为 216.1×10⁴ t,其中增养殖产量 129.5×10⁴ t,占水产品总产量的 59.93%。此外,北三市海岸线长度占据了大连市海岸线的 80%,海水养殖业也是振兴北三市经济的主导产业。

---

① 亩为我国非法定计量单位,1 亩≈667 m²,1 hm² = 15 亩。

21 世纪以来，国家宏观海洋经济战略的实施，为海水增养殖产业的发展带来了机遇和挑战。一是宏观海洋经济战略的实施要求海水增养殖业生产方式进行必要的调整。传统的生产方式暴露出许多不适应现代海洋开发理念和束缚海洋产业发展的问题。二是现代海水增养殖产业发展要求大连市海水增养殖产业进行生产方式的调整，通过海洋牧场建设实现海水增养殖产业的可持续发展。海洋牧场作为一种生态型的养殖模式，不但可以彻底解决目前养殖区大面积占用海面的问题，还可以最大限度地利用现有海域资源，保护生态环境，扩大增养殖生产面积，更可以极大地改善养殖种质，提高产品品质。三是海水增养殖产业的可持续发展需要科学的调查、论证和规划作为保障。伴随着海水增养殖业的迅猛发展，水产养殖产业经历了减产、死亡、病害等各种生产问题。在对各种生产问题的研究过程中，人们发现，目前水产养殖生产上存在着严重的盲目性：不研究海域环境和海域条件，盲目开发增养殖种类，盲目扩大增养殖规模。使人们认识到海水增养殖生产与捕捞生产一样，都涉及承载能力的问题，增养殖生产同样不能忽视科学调查、论证与规划而盲目发展。

为适应海洋经济的发展，从根本上提升大连市水产养殖产业科技含量，为全市海洋经济战略的实施提供科学依据，大连海洋大学于 2015 年 11 月与大连市海洋与渔业局签订大连海域渔业资源环境调查与评价（项目 I 期）服务合同，并于 2017 年 8 月完成了项目中南部海域底栖生物调查部分内容。

海洋底栖生物资源调查，是对海域中底栖生物个体或群体的繁殖、生长、死亡、分布、数量和栖息环境的调查，是开展渔业增养殖、渔业捕捞和渔业资源管理的基础性工作。

本次底栖生物调查共采集大型底栖生物 10 门 16 纲，共 90 种，其中腔肠动物 5 种，纽形动物 1 种，线虫动物 1 种，环节动物 32 种，软体动物 20 种，节肢动物 15 种，腕足动物 1 种，苔藓动物 3 种，棘皮动物 10 种，脊索动物 2 种，初步掌握了大连南部海域底栖生物资源的基本情况。本次调查覆盖面广、站位密度较高、考察指标较全面，对推动大连地区海洋渔业资源利用和促进海洋生态文明建设具有重要的意义。由于调查在 2017 年 8 月实施，时间跨度较小，获得的样品种类可能略有不足，仍需要后续调查采样进行补充完善。

二、调查站位设置

本次调查，采用了高密度的调查站位设计，共设置 154 个站位（见图 1-1 和表 1-1）。

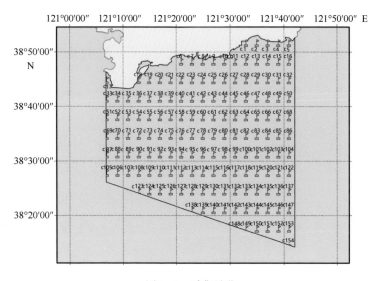

图 1-1 采集站位

表 1-1 采样站位

站位	N (°)	E (°)	站位	N (°)	E (°)
C001	38. 860 833	121. 549 996	C030	38. 747 187	121. 616 662
C002	38. 860 833	121. 583 329	C031	38. 747 187	121. 649 995
C003	38. 860 833	121. 616 662	C032	38. 747 187	121. 683 328
C004	38. 860 833	121. 649 995	C033	38. 690 363	121. 116 667
C005	38. 860 833	121. 683 328	C034	38. 690 363	121. 150 000
C006	38. 804 010	121. 349 998	C035	38. 690 363	121. 183 333
C007	38. 804 010	121. 383 331	C036	38. 690 363	121. 216 666
C008	38. 804 010	121. 416 664	C037	38. 690 363	121. 249 999
C009	38. 804 010	121. 449 997	C038	38. 690 363	121. 283 332
C010	38. 804 010	121. 483 333	C039	38. 690 363	121. 316 665
C011	38. 804 010	121. 516 663	C040	38. 690 363	121. 349 998
C012	38. 804 010	121. 549 996	C041	38. 690 363	121. 383 331
C013	38. 804 010	121. 583 329	C042	38. 690 363	121. 416 664
C014	38. 804 010	121. 616 662	C043	38. 690 363	121. 449 997
C015	38. 804 010	121. 649 995	C044	38. 690 363	121. 483 333
C016	38. 804 010	121. 683 328	C045	38. 690 363	121. 516 663
C017	38. 747 187	121. 116 667	C046	38. 690 363	121. 549 996
C018	38. 747 187	121. 216 666	C047	38. 690 363	121. 583 329
C019	38. 747 187	121. 249 999	C048	38. 690 363	121. 616 662
C020	38. 747 187	121. 283 332	C049	38. 690 363	121. 649 995
C021	38. 747 187	121. 316 665	C050	38. 690 363	121. 683 328
C022	38. 747 187	121. 349 998	C051	38. 633 540	121. 116 667
C023	38. 747 187	121. 383 331	C052	38. 633 540	121. 150 000
C024	38. 747 187	121. 416 664	C053	38. 633 540	121. 183 333
C025	38. 747 187	121. 449 997	C054	38. 633 540	121. 216 666
C026	38. 747 187	121. 483 333	C055	38. 633 540	121. 249 999
C027	38. 747 187	121. 516 663	C056	38. 633 540	121. 283 332
C028	38. 747 187	121. 549 996	C057	38. 633 540	121. 316 665
C029	38. 747 187	121. 583 329	C058	38. 633 540	121. 349 998

站位	N（°）	E（°）	站位	N（°）	E（°）
C059	38. 633 540	121. 383 331	C089	38. 519 894	121. 183 333
C060	38. 633 540	121. 416 664	C090	38. 519 894	121. 216 666
C061	38. 633 540	121. 449 997	C091	38. 519 894	121. 249 999
C062	38. 633 540	121. 483 333	C092	38. 519 894	121. 283 332
C063	38. 633 540	121. 516 663	C093	38. 519 894	121. 316 665
C064	38. 633 540	121. 549 996	C094	38. 519 894	121. 349 998
C065	38. 633 540	121. 583 329	C095	38. 519 894	121. 383 331
C066	38. 633 540	121. 616 662	C096	38. 519 894	121. 416 664
C067	38. 633 540	121. 649 995	C097	38. 519 894	121. 449 997
C068	38. 633 540	121. 683 328	C098	38. 519 894	121. 483 333
C069	38. 576 717	121. 116 667	C099	38. 519 894	121. 516 663
C070	38. 576 717	121. 150 000	C100	38. 519 894	121. 549 996
C071	38. 576 717	121. 183 333	C101	38. 519 894	121. 583 329
C072	38. 576 717	121. 216 666	C102	38. 519 894	121. 616 662
C073	38. 576 717	121. 249 999	C103	38. 519 894	121. 649 995
C074	38. 576 717	121. 283 332	C104	38. 519 894	121. 683 328
C075	38. 576 717	121. 316 665	C105	38. 463 071	121. 116 667
C076	38. 576 717	121. 349 998	C106	38. 463 071	121. 150 000
C077	38. 576 717	121. 383 331	C107	38. 463 071	121. 183 333
C078	38. 576 717	121. 416 664	C108	38. 463 071	121. 216 666
C079	38. 576 717	121. 449 997	C109	38. 463 071	121. 249 999
C080	38. 576 717	121. 483 333	C110	38. 463 071	121. 283 332
C081	38. 576 717	121. 516 663	C111	38. 463 071	121. 316 665
C082	38. 576 717	121. 549 996	C112	38. 463 071	121. 349 998
C083	38. 576 717	121. 583 329	C113	38. 463 071	121. 383 331
C084	38. 576 717	121. 616 662	C114	38. 463 071	121. 416 664
C085	38. 576 717	121. 649 995	C115	38. 463 071	121. 449 997
C086	38. 576 717	121. 683 328	C116	38. 463 071	121. 483 333
C087	38. 519 894	121. 116 667	C117	38. 463 071	121. 516 663
C088	38. 519 894	121. 150 000	C118	38. 463 071	121. 549 996

续表

站位	N（°）	E（°）	站位	N（°）	E（°）
C119	38.463 071	121.583 329	C137	38.406 248	121.683 328
C120	38.463 071	121.616 662	C138	38.349 424	121.383 331
C121	38.463 071	121.649 995	C139	38.349 424	121.416 664
C122	38.463 071	121.683 328	C140	38.349 424	121.449 997
C123	38.406 248	121.216 666	C141	38.349 424	121.483 333
C124	38.406 248	121.249 999	C142	38.349 424	121.516 663
C125	38.406 248	121.283 332	C143	38.349 424	121.549 996
C126	38.406 248	121.316 665	C144	38.349 424	121.583 329
C127	38.406 248	121.349 998	C145	38.349 424	121.616 662
C128	38.406 248	121.383 331	C146	38.349 424	121.649 995
C129	38.406 248	121.416 664	C147	38.349 424	121.683 328
C130	38.406 248	121.449 997	C148	38.292 601	121.516 663
C131	38.406 248	121.483 333	C149	38.292 601	121.549 996
C132	38.406 248	121.516 663	C150	38.292 601	121.583 329
C133	38.406 248	121.549 996	C151	38.292 601	121.616 662
C134	38.406 248	121.583 329	C152	38.292 601	121.649 995
C135	38.406 248	121.616 662	C153	38.292 601	121.683 328
C136	38.406 248	121.649 995	C154	38.235 778	121.683 328

三、调查方法

（一）样品采集及保存

现场采样参照《海洋调查规范第1部分：总则》（GB/T 12763.1—2007）、《海洋调查规范第6部分：海洋生物调查》（GB/T 12763.6—2007）等标准方法执行，使用采样面积为 0.1 m² 的抓斗式采泥器进行采样，每站采样面积不小于 0.2 m²。采集得到的生物样品，依照《海洋调查规范第 6 部分：海洋生物调查》（GB/T 12763.6—2007）第 10 项大型底栖生物调查的方法进行固定和保存，以便带回实验室进行实验室物种鉴定、定量分析及其他指标测量，具体方法如下。

1. 腔肠动物

（1）水螅类。将薮枝螅、海筒螅等标本放入有海水的容器内，静置片刻，待个体触手伸出后，向容器内徐徐加入饱和硫酸镁溶液进行麻醉，1~2 h 后，待触手及虫体不再收缩后，向容器内加入福尔马林，浓度达到 7% 左右，1 h 后取出，保存于浓度为 5% 的福尔马林中。

（2）海葵。将其放入盛有海水的容器内，使得海葵口盘向上，距水面 10~20 mm，先等待，当其身体伸展，触手全部伸出后，用硫酸镁溶液或晶体麻醉，掌握少量多次的原则，每隔 5~10 min，视容器及个体大小轻轻加入，随着海葵逐渐被麻醉，再加大剂量，缩短间隔；一般大小的海葵麻醉过程约需 2 h，个体大的可延长麻醉时间，当用工具轻触海葵没有反应后，向容器内加入福尔马林直至浓度达到 7%，3~5 h 后取出放入 5% 的福尔马林或 70% 的酒精中保存。在整个过程中，切忌刺激海葵，比如桌面震动等。麻醉时间要掌握好，不可过长使之死亡或麻醉不彻底。如果加固定液刺激使触手缩回，则说明麻醉失败，需再次放入新鲜海水中，待其触手完全舒展后重新麻醉。

2. 纽形动物

将纽虫放入玻璃皿中，加入海水，用硫酸镁或薄荷脑麻醉，加入浓度为 7% 的福尔马林保存。因纽虫的抵抗力强，麻醉时间长，所以一定要耐心，如果刺激过猛，很容易造成其自残断裂，使标本失去保存价值。

3. 环节动物（多毛类）

处理方法一般包括麻醉、整形、拉吻和固定等步骤。首先将动物放入盛有新鲜海水的浅盘内，水不要加得太满，待虫体完全伸展后，开始用薄荷脑或硫酸镁麻醉，也可用淡水或福尔马林、酒精麻醉，经数小时后，大的沙蚕类要将其吻拉出来，方法是一只手拿住沙蚕，另一只手用尖镊子伸入沙蚕口中夹住大颚将整个吻部拉出，较小的种类这一操作需在解剖镜下进行。然后加入浓度为7%的福尔马林，将动物整形后，放入浓度为5%的福尔马林或浓度为70%的酒精中保存。

4. 软体动物及腕足动物

（1）石鳖。放入盛有海水的玻璃皿中，待其身体展开后，用酒精或硫酸镁麻醉3 h，加入浓度为10%的福尔马林，然后整形。如果石鳖的身体蜷曲，则将其夹在两片载玻片中间并用细线捆扎，放入浓度为7%的福尔马林中固定数小时，然后取出载玻片，放入浓度为70%的酒精或浓度为5%的福尔马林中保存。

（2）其他螺、双壳类、酸浆贝。将采到的螺类或蛤类标本，先用清水洗净，再放入浓度为10%的福尔马林中，个体较大的要向体内注射福尔马林，8 h后移入浓度为5%的福尔马林或浓度为70%的酒精中保存。

5. 苔藓动物

用硫酸镁或薄荷脑麻醉，待其触手完全伸出后，用浓度为70%的酒精或浓度为5%的福尔马林保存。

6. 节肢动物

甲壳类可直接放入浓度为7%的福尔马林溶液中，30 min 后取出整形。如果是大型种类，为防止附肢脱落，可用硫酸镁麻醉或淡水麻醉，放入浓度为7%的福尔马林中，最好能注射福尔马林，1 h 后整形，再放入浓度为70%的酒精中保存。若要保持动物原色，可用福尔马林甘油混合液保存（浓度为4%的福尔马林 70 ml，甘油 30 ml，少许硼砂），此法效果良好。

7. 棘皮动物

（1）海参。将海参放入盛有海水的容器内，待其触手和管足伸出后，用薄荷脑和硫酸镁联合麻醉，先将包有薄荷脑的小纱布袋放入，然后逐渐分次加入硫酸镁，加入的量可不断加大，直到刺激其触手不再缩入为止。个体较大的还要从肛门注射浓度为90%的酒精，然后整形，移入浓度为80%的酒精中固定，8 h 后移入浓度为70%的酒精（最好加数滴甘油）内保存。

（2）海星、蛇尾。将动物放入盛有海水的容器内，先用硫酸镁麻醉 2~3 h，再将浓度为25%的福尔马林由围口膜注入体腔中，或由步带沟注入水管系内，至管足内充满液体为止，然后放入浓度为70%的酒精中保存。

8. 海鞘

将采回的标本放入培养皿、解剖盘、烧杯等容器内，加上新鲜海水，用硫酸镁麻醉或硫酸镁、薄荷脑联合麻醉 2~3 h（群体海鞘还需要整形），然后加入福尔马林直至浓度达到7%~10%并固定。因为海鞘体壁能分泌被囊素,造成固定液渗透比较困难,所以大的个体需要注射,固定 3~5 h 后,移入浓度为 70% 的酒精或浓度为 7% 的福尔马林中保存。

9. 鱼类

将鱼类放入浓度为 7% 的福尔马林溶液中,整形后再放入浓度为 10% 的福尔马林中保存。

(二) 样品鉴定及分析

标本的鉴定应力求鉴定到种,采用查阅检索表、比对特征及图谱和请教专家等方法,以种群而非个体为单位,从中选出模式标本,进行客观准确地分析、计数、称重并测量其体长 (壳长、腕长等),计算其栖息密度及生物量。

第二章　腔肠动物门（Coelenterata）

腔肠动物门又称刺胞动物门，是最低等的后生动物。分为水螅纲（Hydrozoa）、钵水母纲（Scyphozoa）和珊瑚纲（Anthozoa）3个纲。腔肠动物门是真正的两胚层多细胞的动物，体壁由内外胚层和中胶层构成。不同种类的中胶层发达程度差异很大，内胚层围成的空腔叫消化循环腔，一端开口，兼有消化和运送营养物质的作用。水螅纲动物一般圆柱形，上端有口，下端以基盘固着生活，多为群体，有多态现象；钵水母纲动物圆盘或伞状，口面向下，多为单体，少数群体，营浮游生活。外胚层（特别是触手上）或内胚层有特殊的刺细胞，受刺激可放出刺丝，有捕食、防御作用。部分种类外胚层可分泌石灰石或纤维质的骨骼，主要起支持作用。

生殖方式为有性生殖和无性生殖，无性生殖方式有出芽或横裂等，世代交替现象比较普遍，发育过程有一个自由游泳的幼虫期浮浪幼虫。

水螅纲（Hydrozoa）

本纲中包括水螅形体和水母形体，这些动物的特征一是内胚层直接与口相接，无食道或隔膜，二是性的产物在外胚层中形成。水螅体的骨骼由外肝腺分泌产生，为角质膜，有时亦含有石灰质。本纲中动物在外胚层中有刺细胞，是防御和进攻的器官。水螅型常形成群体，水母型则具有缘膜称为缘膜水母。

本纲动物绝大多数生活在海水中，少数生活在淡水中。生活史中大部分有水螅型和水母型，即世代交替现象。

软水母目（Leptomedusae）

钟螅水母科（Campanulariidae）

水螅体：群体直立或匍匐；螅鞘钟形，辐射对称或两侧对称；一般具柄，边缘尖锐或不尖锐，具有基部的隔板或围鞘向内的环状突出物；水螅体一般管状，具漏斗形或球形的垂唇，形成一个单一构造的胃内胚层的"口腔"；螅鞘内胞囊有或无；生殖体作为游离水母体、真水母体或孢子囊在生殖鞘中。水母体：垂管短，无胃柄；4条辐管（除了多胃水母属和假美螅水母属）；有或无缘膜（薮枝螅水母属无缘膜）；生殖鞘完全环绕在辐管上与垂管分离；触手空心（除了薮枝螅水母）；有或无榫头状退化缘疣；无侧丝或缘丝；无排泄乳突或排泄孔；许多（16~200个）关闭型平衡囊（薮枝螅水母属仅8个）；无眼点。

常在近海漂浮生活，海滨藻类丛生处也有发现，夜晚可发光。辽宁、河北、山东、江苏、浙江及福建等地沿海均有分布。

中国根茎螅（*Rhizocaulus chinensis*）

水螅纲（Lydrozoa）；软水母目（Leptomedusae）；钟螅水母科（Campanulariidae）

标本采集站位　C035

水螅体群体高 100~150 mm，螅茎和分枝的中、下部愈合成束；分枝不规则，螅鞘柄很长，呈轮状着生在茎或分枝的周围，柄上部和基部有环轮或波纹，中部大部分光滑；螅鞘深钟状，长约为宽的 1 倍，鞘口稍张开，螅鞘上有数条纵向肋，鞘缘具 10～12 枚齿；生殖体具短柄，不规则椭圆形，表面略呈波状，雌性生殖鞘具端囊（图 2-1）。

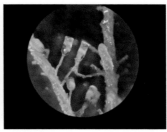

图 2-1　中国根茎螅

习性和地理分布　近岸暖水底栖种，主要在 100 m 以内浅水区；分布于黄海、东海和南海；西北太平洋、白令海、鄂霍次克海和日本。大连南部海域在老铁山海域有分布，栖息密度 2.86 个/m²，生物量 0.09 g/m²。

珊瑚纲 （Anthozoa）

珊瑚礁是热带海洋生态系统的表征，物种的丰富多样性程度与热带雨林不相上下。本纲又是最美丽的海洋自然景观之一；石珊瑚、角珊瑚、柳珊瑚的骨骼是重要的工艺品，包括宫廷中珍贵的红珊瑚。珊瑚纲为腔肠动物门的 1 个纲，分六放珊瑚亚纲（Hexacorallia）和八放珊瑚亚纲（Octocorallia）。

珊瑚虫的中央有一个圆筒状的腔，叫腔肠。连接腔肠的是口道，在口道周围边缘长满触手。触手是捕捉食物的工具，捕捉来的食物随水流进入口道，再进入腔肠消化和细胞外吸收。消化不了的残渣和废物经口道排出体外。腔肠的体壁四周还长有隔膜，隔膜是成对生长的。珊瑚虫的精囊和卵巢在隔膜上发育而成。珊瑚由于种类不同，有的珊瑚虫是雌雄异体，有的是雌雄同体，但它们的精卵结合却都是异体受精。受精卵在腔肠中发育成浮浪幼虫，随水流排出体外，浮游数天，在浮游期间遇有合适的附着基底就附着发育成新个体。若没有合适的硬质基底，则随波逐流，浮游期延长数天至月余，最后死亡。

海葵目（Actiniaria）

海葵科（Actiniidae）

此科与每个内外腔相对应的触手不多于1，内外腔触手交替排列。无囊泡（指触手不呈囊泡状），没有明显的大小隔膜之分，具有6对以上的完全隔膜。括约肌从弱或无到很强，属弥散型、环型或中间型。体壁光滑或具有疣状突起，有结节，有时也有壁孔。有发达的隔膜收缩肌。无枪丝。

太平洋黄海葵（*Anthopleura nigrescens*）

珊瑚纲（Anthozoa）；海葵目（Actiniaria）；海葵科（Actiniidae）

标本采集站位 C012、C033

体柱呈圆筒形，体高通常为15~20 mm，宽为12~18 mm。在培养状态下，体高可达30 mm以上，体宽可超过25 mm。体柱上部绿色，中下部为暗红色。体壁上有疣状隆起，排列整齐，中心部分为绿色，边缘白而带红，无壁孔和枪丝。口盘上有60~84个触手，触手基部为红色，上部为绿色夹有白色条斑（见图2-2）。

习性和地理分布 本种分布于太平洋沿岸。在我国青岛、烟台、塘沽和大连等地沿海较常见。大连南部海域在老铁山海域及星海湾海域有分布，栖息密度0.52个/m²，生物量0.42 g/m²。

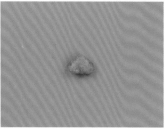

图 2-2　太平洋黄海葵

黄侧花海葵（*Anthopleura xanthogrammia*）

珊瑚纲（Anthozoa）；海葵目（Actiniaria）；海葵科（Actiniidae）

标本采集站位　C076

也称黄海葵，体高通常为 30~90 mm，口盘盘径为 30~60 mm。基盘圆形或椭圆形，灰黄色、浅褐色或浅肉红色。柱体呈长圆筒形，浅褐色或淡泥黄色。体壁上有排列整齐的疣状突起，呈苍白色。体下部较光滑，仅有稀少的疣突。触手 96 个，按 12、12、24、48 排列，为灰褐色或红褐色，有的个体第一轮触手乳白色，触手的向口面具白斑。口盘圆形，口位于口盘中央，椭圆形或裂缝状，呈灰褐色或红褐色。口周围有 12 个乳白色内夹杂着金黄色的唇瓣，有时呈粉红色。口盘上有规则的放射纹（见图 2-3）。

习性和地理分布　栖息于潮间带，附着于岩石、石块上，埋栖生活。退潮后，触手平行伸展于泥沙表面，当遇刺激时，身体快速缩入泥沙中。广泛分布于中国沿海及太平洋其他海域。大连沿海各地很常见。大连南部海域调查中在龙王塘海域外侧有分布，栖息密度 0.26 个/m²，生物量 0.003 g/m²。

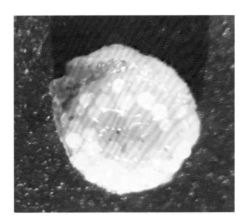

图 2-3　黄侧花海葵

爱式海葵科（Edwardsidae）

具有延长的蠕虫形体，体可分为 2~4 部分，无括约肌和枪丝。有触手，隔膜分大小两类，大隔膜为 8 个，小隔膜有 4 个以上。大隔膜由 4 个直接隔膜（两对）加 4 个侧隔膜组成。隔膜丝的纤毛区有时是不连续的。此科分两亚科：爱氏海葵亚科（Edwardsinae）和米爱氏海葵亚科（Milne-Edwardsinae）。

米爱氏海葵亚科内触手长于外触手，无刺囊胞。而爱氏海葵亚科则具有相反的特征，即有刺囊胞（壁上）、内触手比外触手短。

日本爱式海葵（*Edwardsia japonica*）

珊瑚纲（Anthozoa）；海葵目（Actiniaria）；爱式海葵科（Edwardsidae）

标本采集站位　C003、C010、C076

足部小而明显，呈膨大的球形，未收缩到柱体内，顶端有 1 个小孔。柱体呈长蠕虫状，体外有污褐色外皮，上部为灰褐色，易脱落，下部为黄褐色。体上有 8 个广阔的纵脊和成列状排列的刺胞囊，它们分散排列于体壁上。壁上有排列稠密的横纹（收缩纹）。头部短小，与柱体同样光滑，其上有 8 个明显的叶瓣。口位于口盘中央，呈裂缝状。触手短小，有 16～20 个，分内外两轮排列，内触手略短些。隔膜为 8 个，均是完全隔膜，都具有发达的收缩肌。所有隔膜均能生殖，性腺充满生殖细胞。有生殖区的壁底肌肉呈三角形（横切）（图 2-4）。

图 2-4　日本爱氏海葵

习性和地理分布　中国沿海、日本相模湾及女川湾均有分布。栖息底质为软泥或泥质沙。大连南部海域在龙王塘海域及东、西大连岛附近有分布，栖息密度 0.78 个/m²，生物量 0.28 g/m²。

星虫状海葵（*Edwardsia sipunculoides*）

珊瑚纲（Anthozoa）；海葵目（Actiniaria）；爱式海葵科（Edwardsidae）

标本采集站位　C081

形似星虫状，呈延长多变的蠕虫形，体的基部有固着点（足盘）。触手细长，约为 36 个，排成内外两轮，能收缩，呈黄褐色、紫褐色或黄白色，上面有斑点。组织结构分 3 个不同区，即外胚层、中胶层和内胚层。外胚层有许多颗粒状的腺体细胞和球形细胞。外胚层比内胚层宽些，中胶层很薄，刺囊胞的内胚层增厚。外胚层的柱状细胞比内胚层的窄而短。体外有外来物沙砾、硅藻壳和其他动物。中胶层在向内胚层处有横褶，它们由一层连续的环肌纤维覆盖。在基部足盘区外胚层有成簇的腺体细胞，做黏附用，无表皮，无典型的括约肌。各处的内胚层，如触手、隔膜、隔膜丝和壁底肌肉等的内胚层均有大的腺体细胞，染色较深（图2-5）。

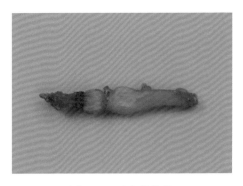

图2-5 星虫状海葵

习性和地理分布 固着于泥沙中小石块和贝壳上面，将身体埋于泥沙中生活，在海水中触手展开于泥沙表面，受到刺激即缩入泥沙中。分布于黄渤海沿岸。大连南部海域在老铁山海域及星海湾海域有分布，栖息密度0.26个/m²，生物量0.06 g/m²。

第三章　纽形动物门（Nemertinea）

纽形动物门动物大多为海洋底栖动物，仅有少数浮游或寄生，个别种类生活在淡水中或陆地上。两侧对称，不分体节，背腹扁平，蠕虫状。体表无角质层，多具纤毛上皮。具完整贯通的消化道，消化管前端为口，后端为肛门。在消化管背部具有吻腔和能伸缩的吻。无呼吸器官，具原肾型排泄系统和闭管式循环系统。神经系统具一对脑神经节和一对侧神经索。多雌雄异体，体外受精；少数可以无性繁殖。

目前大约有 1 275 种，分属于二纲四目。其地理位置分布广泛，从北极到南极均有分布，大部分生活在海水中，目前已知只有 22 种生活在淡水或半咸水中。大多数海水生纽虫营底栖生活，常见于潮间带的沙石下，海藻、珊瑚、双壳贝类、藤壶和海鞘等固着动物集群的空隙中或穴居于沙、泥、砾石中，还有的生活在自身分泌的黏性管中或占据其他动物的空栖管。

有针纲（Enopla）

口和吻孔合一且位于脑神经节前方，神经系统位于体壁肌之内的间质中，具外环肌和内纵肌层。

针纽目（Hoplonemertea）

拟纽虫科（Paranematidae）

吻针表面平滑，有的吻针具螺旋状刻纹，这在纽虫中是不常见的。

拟奇异纽虫（*Paranemertes peregrina*）

有针纲（Enopla）；针纽目（Hoplonemertea）；拟纽虫科（Paranematidae）

标本采集站位　C083、C085、C108、C114、C153

口和吻在同一腔内，活体背部紫色或棕黄色，腹部淡黄色。具有 1 对暗棕色斑点。吻长约为体长的 1/5，吻针的基部长为针部的 1/3～1/2；有 2～3 个附针囊，每个囊内有 4 个吻针。肉眼难以看清。通常长 6～15 cm，最长 25 cm（图 3-1）。

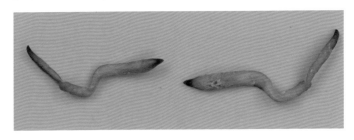

图 3-1　拟奇异纽虫

习性和地理分布　分布于美国、日本和俄罗斯等国家，国内见于青岛、烟台和大连等地。栖息于中低潮间带或浅海。见于 4～60 m 水深的海域。大连南部海域在老铁山海域、龙王塘海域、星海湾海域及老虎滩海域均有分布，栖息密度 1.04 个/m^2，生物量 0.64 g/m^2。

第四章　线虫动物门（Nematoda）

　　线虫动物门动物为蠕虫状、不分节、两侧对称的假体腔动物，其圆柱状的身体向两端渐尖。见于几乎所有已知的生境中。自由生活的种类个体很小，一般不超过 3 mm，而寄生者可能达数米。体壁由角皮、细胞上皮和一层纵肌组成，无环肌。体壁内的假体腔为具一定膨胀压的液体所占有，形成一个水静力骨骼（Hydrostatic Skeleton）。运动是通过一系列"S"状的活动来完成。消化道管状，前端为口，亚末端腹位有肛门。口被辐射或二辐射对称的唇部所环绕，唇和唇缘外围具有 1~3 圈感官，其数目可多达 16 个（6+6+4）。前端还具有两个化感器，寄生种类体后端有尾感器。排泄系统为肾腺管，开口于前端腹面。神经系统包括神经环和背腹神经索。无呼吸和循环系统。雌雄异体，体内受精，卵裂为定型但非螺旋形。直接发育，无幼虫阶段。现已知 20 000 种，分两个纲，无尾感器纲（Adenophorea）和有尾感器纲（Scernentea）。目前已知的自由生活海洋线虫有 4 000 种，属于无尾感器纲。海洋线虫分类鉴定的主要依据是：头部（形状，头盔，感官的数目，长度和排列）；角皮（结构和体刚毛）；化感器（形状和位置）；口腔（一般结构，齿的有无及其类型）；雌性生殖系统（卵巢的数目和结构，雌性生殖孔的位置，德曼系统）；雄性生殖系统（精巢的数目，交合刺，引带和交接辅器）；尾区（形状，尾腺和尾端突）。

标本采集站位 C020、C023、C039

习性和地理分布 大连南部海域在旅顺等部分海域有分布，栖息密度 0.78 个/m^2，生物量 0.04 g/m^2。

第五章　环节动物门（Annelida）

环节动物约 35 000 种，主要有 3 个纲：多毛纲（Polychaeta）、寡毛纲（Oligochaeta）和蛭纲（Clitellata）。环节动物门动物身体分成体节，具真体腔，多数有刚毛和疣足，闭管式循环系统，有按体节排列的后肾。

多毛纲（Polychaeta）

多毛纲动物是环节动物门最大的一个纲，包括 80 余科、1 600 余个属、10 000 余个已描述的种。近年来，多毛纲定义为：雌雄异体，具疣足和成束的刚毛，体前部具分化良好的头部（包括口前叶和围口节）、多具摄食或感觉的附肢（触手、触角、触须）和眼，无环带，生殖管简单，很少淡水和陆生，大多为海洋生境中的环节动物。也有部分例外，有雌雄同体的，也有疣足极度退化仅留少数刚毛的多毛类。

沙蚕目（Nereidida）

沙蚕科（Nereididae）

体细长，扁圆柱形，具许多体节。可分为头部、躯干部和尾部（肛部）。头部由口前叶和围口节组成。口前叶亚卵圆形、梨形或多边形，背表面具 2 对眼（个别种无），前端具 0~2 个不分节的口前叶触手和 2 个由端节和基节组成的口前叶触角。围口节于唇部变窄、腹面具口，具 3~4 对围口节触须。口腔和咽富肌肉，可由口中翻出成吻（翻吻）。吻前端具 2 个大颚，吻表面光滑或具软乳突、几丁质颚齿。躯干部由许多外形相似的体节组成。每个体节两侧具叶片状的疣足。疣足除前 2 对为单叶型外，通常为双叶型或亚双叶型。在多数种中，疣足背叶具 1~2 个或 3 个（含背刚叶）背舌叶、0~1 个背刚叶，疣足腹叶具腹刚叶、1 个腹舌叶。具 1 根背须和 1~2 根腹须，个别种体前部的背须可特化为鳃或鳞片。刚毛主要为复型刺状和镰刀形，个别种具简单型刚毛。尾部（肛部或肛节）具纵裂的肛门和 1 对腹位的肛须。

背褶沙蚕 （*Tambalagamia fauveli*）

多毛纲（Polychaeta）；沙蚕目（Nereidida）；沙蚕科（Nereidiae）

标本采集站位 C130

口前叶具 1 对触手、1 对触角。吻表面无颚齿，仅口环具软乳突，吻端大颚平滑或具侧齿。具围口节触须 4 对。体中部背面具明显的横褶。体前部疣足上背舌叶长且系近背须，又称附加背须，体中部疣足的背须基宽大且长。具双腹须。仅具复型等齿刺状刚毛。不完整标本体长 28 mm，体宽（含疣足）4 mm，具 60 个刚节（见图 5-1）。

习性和地理分布 分布于青岛胶州湾，黄海北部和南部，南海北部湾的底质泥、砾石和掺有贝壳的泥沙中。虫体栖于填满泥沙的空贝壳内，泥表面有一穴孔。大连南部海域在龙王塘等海域有分布，栖息密度 0.26 个/m^2，生物量 0.003 g/m^2。

多美沙蚕 （*Lycastopsis augeneri*）

多毛纲（Polychaeta）；沙蚕目（Nereidida）；沙蚕科（Nereidiae）

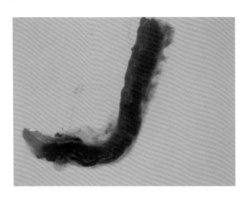

图 5-1　背褶沙蚕

标本采集站位　C013、C151

口前叶宽椭圆形，具 1 对短小的触手和 1 对较宽大的圆球形触角，位于口前叶中后部，前对肾形，后对圆形。围口节稍窄于其后的刚节，具 3 对指状的围口节触须。吻前端具大颚 1 对、上具侧齿 7~8 个，吻表面光滑、无颚齿和乳突。疣足均为单叶型或亚双叶型，具 2 根足刺。背腹须皆为指状，腹须较小；背叶仅呈一模糊的皱褶，内具 1 根背足刺；腹叶钝锥状，内具 1 根腹足刺。腹足刺上方具复型异齿刺状和异齿镰刀形刚毛，1 腹足刺下方具复型异齿镰刀形刚毛。镰刀形刚毛端片的侧齿粗大（图 5-2）。

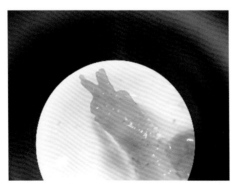

图 5-2　多美沙蚕

习性和地理分布 为广分布的北温带种。分布于我国黄海，韩国九龙浦，日本北海道札幌、函馆，大彼得湾、南萨哈林，太平洋东西两岸，北美大西洋沿岸，西印度群岛，黑海，地中海。大连南部海域在星海湾海域及中山区海域等部分海域有分布，栖息密度 0.52 个/m^2，生物量 0.04 g/m^2。

环唇沙蚕（*Cheilonereis cyclurus*）

多毛纲（Polychaeta）；沙蚕目（Nereidida）；沙蚕科（Nereidiae）

标本采集站位 C014、C020、C025、C028、C067、C085、C150、C152

体长 100～210 mm，宽 9～19 mm，具 100 多个刚节。围口节领状，在口前叶后部，长为其他体节的 2 倍，背面光滑，腹面具纵皱纹。最长触须后伸达第 4 刚节。吻具圆锥状齿：Ⅰ区 3 个排成一纵排，Ⅱ区 12～30 个排成 3 个斜排，Ⅲ区 15～20 个排成 2～3 个横排，Ⅳ区 15～24 个排成弓形堆，Ⅴ区无齿，Ⅵ区 14～18 个排成圆堆，Ⅶ区和Ⅷ区具 3 个横排，近颚环的一排齿大。体中后部疣足背舌叶呈叶片状，具凹陷，背须位于此凹陷中。具等齿刺状背刚毛，腹足刺上方具异齿刺状和异齿镰刀状刚毛。足刺黑色。体前部的体节后半部具褐色横带。疣足上具黑色斑（见图 5-3）。

习性和地理分布 北太平洋两岸温带冷水种。喜钻入各种螺壳内，尤喜与大寄居蟹（*Pagurus ochotensis*）共生。大连獐子岛、海洋岛、黑石礁、龙王塘等地常见。大连南部海域在老铁山海域、龙王塘海域、小平岛海域、星海湾海域、中山区海域等部分海域有分布，栖息密度 2.08 个/m^2，生物量 0.10 g/m^2。

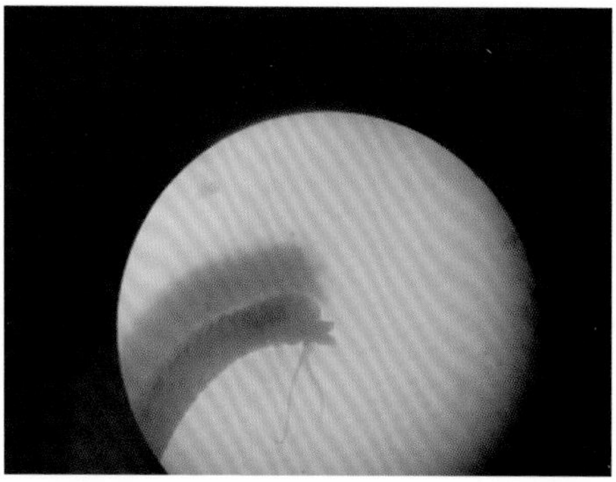

图 5-3　环唇沙蚕

裂虫科（Syllidae）

　　裂虫科多为小型细线状沙蚕型蠕虫，体圆柱形或背腹扁平。可分为头部、躯干部和尾部 3 个部分。头部由口前叶和围口节组成。口前叶明显，圆球形或四边形，具 2~3 对眼，常呈梯形排列，1~3 个头触手，2 个触角。围口节于唇部变窄，腹面具口，两侧具 1~2 对触须。触手和触须光滑，具皱褶，或具环轮为念珠状。口前叶后常具项器，依形状又称项肩或项叶或项脊，个别种还具后头叶。翻吻无附属物或具 1 中背齿、1 圈咽齿、1 排向后弯曲的齿、1 对镰状齿和端乳突，咽后具椭圆形或筒状的前胃。

　　裂虫常见于硬底质的牡蛎壳下，淤泥表面，海藻、海鞘、水螅、海绵和苔藓虫丛中，特别在珊瑚礁中很丰富，有的裂虫可沿动物群体建黏液管。

扁模裂虫（*Typosyllis fasciata*）

　　多毛纲（Polychaeta）；沙蚕目（Nereidida）；裂虫科（Syllidae）

标本采集站位 C022

口前叶亚球形，其后部被围口节伸出的半圆形头后物覆盖。咽位于第1~8刚节，中背齿位于第3刚节上，前胃位于第9~15刚节。头触手、触须和背须均较长，环轮多，长的背须有30~50环轮，短的背须有25~30环轮。肛须有30多环轮。疣足刚叶钝圆锥形，具复型单齿镰刀形刚毛，端片有长有短，体后部有简单刚毛（图5-4）。

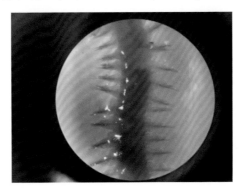

图5-4 扁模裂虫

习性和地理分布 分布于北极海、俄罗斯远东海、太平洋、日本和我国黄海潮间带岩岸或沙粒中。大连南部海域在龙王塘等海域有分布，栖息密度 1.43 个/m²，生物量 0.21 g/m²。

齿吻沙蚕科（Nephtyidae）

体长且扁，口前叶小，多边形或卵圆形吻粗壮肌肉质，具1对几丁质的侧颚，或具端乳突和纵排表面乳突。疣足双叶型，发达的背、腹叶分别由足刺叶、足刺前叶（前刚叶）和足刺后叶（后刚叶）组成。背、腹叶间常具间须（鳃）。刚毛简单型：前刚叶多具梯形毛状刚毛。

齿吻沙蚕是泥沙滩习见种。潮间带分布的种常具银灰色的光泽，深水种多绿色或红色。

中华内卷齿蚕（*Aglaophamus sinensis*）

多毛纲（Polychaeta）；沙蚕目（Nereidida）；齿吻沙蚕科（Nephtyidae）

标本采集站位　C030、C038、C039、C040、C042、C060、C071、C074、C078、C082、C084、C090、C098、C103、C108、C111、C112、C113、C114、C115、C116、C121、C122、C128、C131、C133、C134、C139、C143、C144、C148、C150、C152、C154

口前叶稍宽近卵圆形，背面具"人"字形色斑，前对触手短细、后对触手稍长。无眼，吻粗棒状，前缘具 22 个端乳突，吻表面近前端处平滑，其后具 14 纵排，每纵排 20~30 个表面乳突。第 1 刚节疣足前伸，足刺叶短圆，前、后刚叶退缩，无背须，具发达的纤细的腹须。间须始于第 2 刚节，较长且内卷。体中部疣足，背须长叶状，间须位于基部，背足刺叶圆三角形具一大的指状突起，背前刚叶小为两圆叶，背后刚叶亦为两圆叶，上叶较大；腹足刺叶斜圆形上具一小的指状上叶，腹前刚叶小为两圆叶，腹后刚叶很长为足刺叶的 2 倍，舌叶状向外伸直；腹须与背须同形但稍长。前刚毛比后刚毛短，为梯形刚毛，后刚毛细长而平滑，无叉状刚毛（图 5-5）。

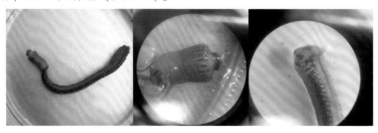

图 5-5　中华内卷齿蚕

习性和地理分布 分布于越南，我国黄海、东海、南海潮间带。大连南部海域在老铁山海域、龙王塘海域、小平岛海域、星海湾海域和中山区海域等部分海域有分布，栖息密度 16.06 个/m²，生物量 1.58 g/m²。

小齿吻沙蚕（*Micronephtys*）

多毛纲（Polychaeta）；沙蚕目（Nereidida）；齿吻沙蚕科（Nephtyidae）

标本采集站位 C014

体长且扁，具许多断面，为长方形的体节。躯干部背中线稍隆起，腹中线具一纵沟。口前叶小，多边形或卵圆形，具 1~2 对小触手，项器有或无。吻粗壮肌肉质，具 1 对几丁质的侧颚，或具端乳突和纵排表面乳突。疣足双叶型，发达的背、腹叶分别由足刺叶、足刺前叶（前刚叶）和足刺后叶（后刚叶）组成。无间须或退化。刚毛简单型：前刚叶多具梯形毛状刚毛，后刚叶具细齿长毛状刚毛或具膝状刚毛和叉状刚毛（图 5-6）。

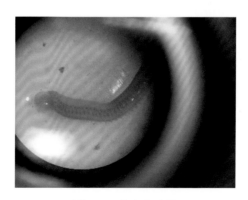

图 5-6 小齿吻沙蚕

习性和地理分布　为冷水种。分布于我国渤海、黄海，日本（北海道和本州北部），韩国，挪威，美国以及北大西洋、太平洋、北冰洋。大连南部海域在中山区海域等部分海域有分布，栖息密度 0.26 个/m²，生物量 0.12 g/m²。

囊叶齿吻沙蚕（*Nephtys caeca*）

多毛纲（Polychaeta）；沙蚕目（Nereidida）；齿吻沙蚕科（Nephtyidae）

标本采集站位　C140

口前叶无色斑，为长宽相等的近四边形，前缘宽平，后端变窄且伸入第 1 刚节。无眼。具 2 对触手，前对位于口前叶侧缘且大于后对，后对位于口前叶的腹面两侧。口前叶后缘两侧各具 1 对乳突状项器。翻吻具 22 对分叉的端乳突和 22 纵排亚端乳突，无中背乳突，疣足双叶型。具刚毛 2 种。体细长，背中部稍凸，腹面具一浅的中纵沟（图 5-7）。

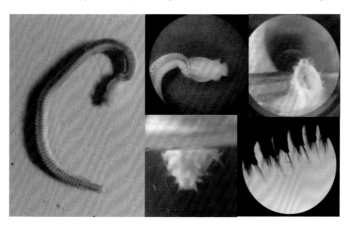

图 5-7　囊叶齿吻沙蚕

习性和地理分布　为冷水种。分布于我国渤海、黄海，日本（北海道和本州本部），韩国，挪威，美国（新英格兰、阿拉斯加至北加利福尼亚）及北大西洋、太平洋、北冰洋。大连南部海域在龙王塘海域等部分海域有分布，栖息密度 0.26 个/m^2，生物量 0.01 g/m^2。

矶沙蚕目（Eunicida）

矶沙蚕科（Eunicidae）

体长圆柱形、有时稍扁，后端尖多环节。口前叶卵圆形或双叶型（常与腹面的触角愈合），具 1 个、3 个或 5 个后头触手（角），无前触手。围口节 2 节，前围口节无任何附肢，后围口节后缘或具围口节触须。具 2~5 对上颚齿片，第 1 上颚平滑且弯曲，第 3、第 4 对右侧上颚齿片愈合；上颚基短，无第 3 颚基。疣足单叶型仅具背须，有时内具足刺，背足叶亚圆锥形，除具内足刺外，常具较长的后刚叶。常具鳃。具复镰刀形和复刺状刚毛、刷状刚毛、亚足刺钩刚毛和毛状刚毛。矶沙蚕科常见于热带和亚热带，是多毛类中个体较大的类群。

矶沙蚕（*Eunice aphroditois*）

多毛纲（Polychaeta）；矶沙蚕目（Eunicida）；矶沙蚕科（Eunicidae）

标本采集站位 C071、C076、C085

体前部圆柱形，后部稍扁。口前叶前缘呈四叶，5 个近等长的后头触手，平滑或稍具皱褶为口前叶长的 2 倍。2 个色浅的眼。上颚式为：1+1，(4-6) + (4-7)，(5-6) +0，4+ (6-13)，1+1。疣足单叶型，背须长圆柱形，腹须短圆锥形具基垫。发达而直立的梳状鳃始于第 5~7 节前至体后，最多具 17 根鳃丝。亚足刺具巾钩状刚毛，位于第15~50余刚节，黑色双齿，足刺黑色具钝尖。此外，具简单毛状刚毛、刷状刚毛（外侧齿对称，具8~11个内齿）、双齿圆巾的复型镰状刚毛（图5-8）。

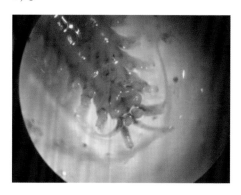

图5-8　矾沙蚕

习性和地理分布　三大洋暖水区广布种。见于潮间带和浅水区沿岸。大连南部海域在老铁山海域、龙王塘海域和中山区海域等部分海域有分布，栖息密度1.30个/m^2，生物量0.09 g/m^2。

索沙蚕科（Lumbrineridae）

体细长多环节。口前叶圆形或圆锥形，无触手和触角。围口节由2节组成，无触须。在口前叶和围口节交界处有时具项触手。除无颚索沙蚕属外，皆具颚器。躯干部不分区。疣足单叶型，具刚毛前、后叶，背须无或短须状，但无足刺。具翅（翼）毛状简单型刚毛、简单或复型巾钩状刚毛、简单或复型刺状刚毛。索沙蚕多自由生活，穴居于泥沙或海洋植物丛中，虽多是浅海泥沙滩的习见种类，但亦有少数生活于深海中。

短叶索沙蚕 （*Lumbrineris latreilli*）

多毛纲 （Polychaeta）；矶沙蚕目 （Eunicida）；索沙蚕科 （Lumbrin-eridae）

标本采集站位 C001、C002、C009、C010、C012、C013、C014、C015、C020、C023、C025、C026、C030、C061、C065、C072、C073、C076、C078、C079、C085、C090、C091、C099、C104、C113、C126、C127、C136、C140、C141、C142、C143、C145、C146、C149、C150、C151、C153

口前叶圆锥形，长大于宽。第1围口节长于第2围口节。上颚齿式为：1-4（5）-2-1。上颚基稍长，具缺刻。下颚具宽扁的前端和稍细的后部。体前后疣足同形，后叶圆锥形，稍长于前叶，唯体中部疣足后叶稍小。复巾钩刚毛端片长为宽的6~7倍，具1个主齿和4~6个小齿。简单巾钩刚毛约具9个逐渐增大的小齿。翅毛状刚毛开始于第1刚节止于约第50刚节。足刺黑色2~3根（图5-9）。

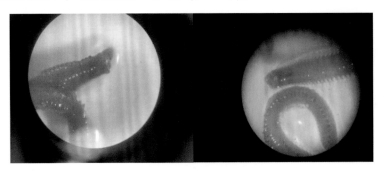

图 5-9　短叶索沙蚕

习性和地理分布　分布于大西洋、太平洋、印度洋、地中海，日本和我国黄海、东海潮间带砾石下。大连南部海域在老铁山海域、龙王塘海域、小平岛海域、星海湾海域和中山区海域等部分海域有分布，栖息密度 22.60 个/m²，生物量 2.28 g/m²。

欧努菲虫科（Onuphidae）

体呈蛆状。口前叶小，腹面具 2 个球状触角，背面常具 2 个短的前触手、5 个基节多具环轮的后头触手（角）。围口节背侧有时具一对短的触须。疣足单叶型，体前部疣足通常前伸、腹须锥状，后部疣足小、腹须垫状；背须皆为锥状，内具足刺，鳃具简单梳状或螺旋形排列的鳃丝。刚毛包括体前部几对疣足的翅毛状刚毛，伪复型巾钩刚毛和后部疣足的翅状刚毛、梳状刚毛及亚足刺钩刚毛。

智利巢沙蚕（*Diopatra chiliensis*）

多毛纲（Polychaeta）；矶沙蚕目（Eunicida）；欧努菲虫科（Onuphidae）

标本采集站位　C014、C023、C028、C030、C032、C041、C042、C044、C045、C047、C048、C056、C057、C059、C060、C063、C065、C067、C072、C073、C076、C079、C080、C082、C087、C092、C093、C100、C112、C113、C116、C129、C130、C131、C134、C147

体前端圆柱状，中后部扁平。口前叶具 2 个短的圆锥形前触手和 5 个长的、基部具环轮的后头触手，其中央触手后伸达第 7~14 刚节、具 8~12 个环轮。1 对短的触须位于围口节后侧缘。前 5~6 对疣足发达，具 1 个圆锥形有缺刻的前刚叶和 2 个指状后刚叶。鳃始于第 4~5 刚节，止于第 47~56 刚节。鳃丝螺旋状排列，以第 6~10 刚节最多。第 6~7 刚节前具腹须指状，后为短指状，再后为垫状突。前体几刚节具伪腹型刚毛，单齿或具小的第 2 齿，巾有或无。刷状刚毛具 20 余个细齿，多位于鳃较少或无鳃疣足上。足刺刚毛棕色始于第 12~18 刚节，双齿无巾。牛皮纸样栖管直埋于泥沙中，外露部分具碎贝壳和碎海藻片，管下段具粗沙（图 5-10）。

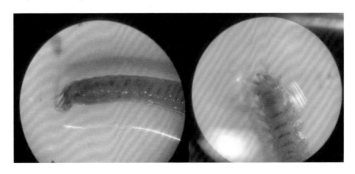

图 5-10　智利巢沙蚕

习性和地理分布　大西洋、地中海、太平洋、印度、智利和日本海域，及我国黄海、东海、南海均有分布。为潮间带沙滩中下区优势种。大连南部海域在老铁山海域、龙王塘海域、小平岛海域、星海湾海域和中山区海域等部分海域有分布，栖息密度 32.21 个/m²，生物量 3.51 g/m²。

仙虫科（Amphinomidae）

虫体长或扁椭圆形，横切面为矩形。口前叶背面圆形、腹面有沟，常陷到前面几体节间，1~5 个头触手、1 对触角、两对眼，第 2 对眼后常具肉瘤（肉瘤常具一中央背脊和两边有褶的边）。咽无颚齿。成束的鳃位于体两边。疣足双叶型，背、腹刚毛成束。刚毛简单型，叉状、锯齿状、锯齿刺状、毛状或钩状，常中空内含毒液，易脆断。仙虫类通常生活在热带浅水岩石、珊瑚和水下木桩等上，有鲜艳的颜色。在虫体受干扰时，往往蜷成团，刚毛刺入干扰的动物体后，即断碎留在伤口。

含糊拟刺虫（*Linopherus ambigua*）

多毛纲（Polychaeta）；矶沙蚕目（Eunicida）；仙虫科（Amphinomidae）

标本采集站位　C002

口前叶圆且具横沟，前触手和触角位于横沟前，中央触手位于横沟后；眼不明显。中央触手后的肉瘤为枕状，不超过第1刚节。触手、触角和前两刚节疣足背、腹须有细横纹似的分节。鳃密集成束，短须状，始于第3刚节分布到第40~45刚节（小标本鳃止于第30~32刚节）。背刚毛两种：光滑毛状和锯齿状；腹刚毛叉状，长臂一侧有细齿（图5-11）。

图5-11　含糊拟刺虫

习性和地理分布　分布于马尔代夫群岛、巴拿马湾等，我国渤海、黄海和东海（23~29 m、软泥或沙质泥；潮间带泥沙滩）。大连南部海域在星海湾海域有分布，栖息密度0.26个/m²，生物量0.03 g/m²。

叶须虫目（Phyllodocimorpha）

吻沙蚕科（Glyceridae）

体细长，两端尖细，略扁。口前叶圆锥形多环轮，前端具 4 个小触手，无触角和触须。翻吻大而长，为圆柱状或圆棒状，末端具 4 个大颚，颚基部具副颚。体不分区，每个体节 2～3 个环轮。疣足双叶型或单叶型。鳃有或无、简单或分枝、能收缩或不能收缩。背刚毛简单毛状，腹刚毛复型。吻沙蚕以强有力的吻穴居于泥沙中，吻外翻出几乎可达体长的 1/2。

长吻沙蚕（*Glycera chirori*）

多毛纲（Polychaeta）；叶须虫目（Phyllodocimorpha）；吻沙蚕科（Glyceridae）

标本采集站位　C004、C010、C026、C073、C086、C148

体大而粗，每一体节具 2 个环轮。口前叶短呈圆锥形，具 10 环轮，末端有 4 个短而小的触手。吻部短而粗，上具稀疏的叶状和圆锥状乳突。疣足的两个前唇等长，末端具一特别尖细的部分，此两部分界线明显。后唇比前唇短，疣以后下唇特别短而钝，末端圆。鳃细长，位于疣足前唇的前壁中部，能伸缩（见图 5-12）。

习性和地理分布　分布于我国黄海潮间带、潮下带（17～53 m），东海（舟山普陀山），福建平潭、厦门和北部湾及日本海域。栖息于软泥底，喜集群。大连南部海域在老铁山海域、龙王塘海域、小平岛海域、星海湾海域和中山区海域等部分海域有分布，栖息密度 2.34 个/m²，生物量 0.21 g/m²。

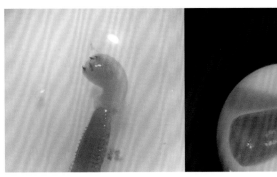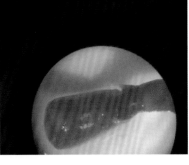

图 5-12　长吻沙蚕

锥唇吻沙蚕（*Glycera onomichiensis*）

多毛纲（Polychaeta）；叶须虫目（Phyllodocimorpha）；吻沙蚕科（Glyceridae）

标本采集站位　C005、C019、C020、C024、C027、C063、C075、C097、C123、C148

体节具双环轮，约为 130 节。口前叶圆锥形，具 10 环轮。吻器有两种乳突：一种细小且末端钝，呈截板状；另一种较大，为圆锥状。疣足有两个前唇和两个后唇。前唇舌比后唇舌稍长，而且末端都较尖。疣足背须圆锥状，位于疣足上面基部；腹须很发达，类似疣足唇舌。没有鳃（见图 5-13）。

习性和地理分布　栖息于具贝壳的软泥底，分布于鄂霍次克海，南千岛群岛（北方四岛），南萨哈林，日本海（大彼德湾），日本太平洋沿岸及中国黄海和台湾海峡。大连南部海域在老铁山海域、龙王塘海域、小平岛海域、星海湾海域和中山区海域等部分海域有分布，栖息密度3.64 个/m²，生物量 0.22 g/m²。

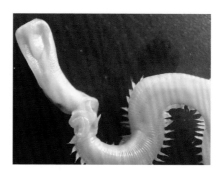

图 5-13　锥唇吻沙蚕

角吻沙蚕科（Goniadidae）

体细长，两端略尖细。口前叶圆锥形，前端具4个小头触手。翻吻长圆柱形，前端具一圈软乳突和一对大颚，若干背、腹小颚，吻表面覆有吻器，吻基部常具两侧排"V"形齿。体前部疣足单叶型，体后部疣足双叶型，很少全为单叶型。腹刚毛复型，背刚毛简单型。角吻沙蚕和吻沙蚕形态上很近似，仅以吻的区别最明显：角吻沙蚕吻前端具端乳突、一对大颚和若干小颚，吻器细长，甚至有的属［甘吻沙蚕属（Glycide）、深海角吻沙蚕属（Bathyglycinde）］角化，有的属吻基部具两侧排"V"字形或"人"字形小齿。

角吻沙蚕（*Goniada*）

多毛纲（Polychaeta）；叶须虫目（Phyllodocimorpha）；角吻沙蚕科（Goniadidae）

标本采集站位　C002、C003、C020、C021、C023、C024、C025、C026、C027、C032、C057、C061、C063、C074、C076、C078、C079、

C081、C087、C088、C100、C101、C104、C110、C111、C112、C116、C122、C123、C129、C134、C140、C142、C143、C145、C148、C149、C150、C151、C152、C153

口前叶圆锥形，具环轮，末端具 4 个小触手。吻长，呈圆柱形，颚齿包括一对锯齿状的大颚，分别位于吻端的两侧。吻的基部两侧各具一排"V"形齿（或称肩章）。吻的基部散布着微小的吻器。体前部具单叶型疣足，体后部具双叶型疣足，两者之间为过渡型。背叶具单根足刺，背刚毛足刺状或毛状；腹叶具单根足刺，腹刚毛复刺状，前刚叶通常呈叉状（图 5-14）。

图 5-14　角吻沙蚕

习性和地理分布　分布于我国渤海软泥碎壳、黄海潮间带、东海沙质泥间，北美东北部、北太平洋也有分布。大连南部海域在老铁山海域、龙王塘海域、小平岛海域、星海湾海域和中山区海域等部分海域有分布，栖息密度 17.01 个/m²，生物量 0.95 g/m²。

金扇虫科（Chrysopetalidae）

虫体小，或长或短，背腹扁平，横断面似五边形。口前叶下陷入前几个刚节，具 2 对眼、1~3 个头触手和 1 对腹触角。在口前叶后常有一小结节或肉瘤。围口节退化，具1~2对触须，具背秆刚毛。疣足双叶型，背足叶具背须和横排或扇状排列的宽大而扁的金黄色刚毛（秆刚毛，该科因此得名）；腹足叶具腹须和复型镰刀形或刺状刚毛。

虫体栖居潮间带岩岸，因个体小，常与环境同色，要仔细观察才能采到。

秆背虫（*Paleanotus chrysolepis*）

多毛纲（Polychaeta）；叶须虫目（Phyllodocimorpha）；金扇虫科（Chrysopetalidae）

标本采集站位 C019

体短，长10~15 mm，宽1~1.5 mm，呈长椭圆形，约40刚节。体背面完全被秆刚毛覆盖。口前叶圆，与围口节愈合，眼2对，前面一对稍大。3个触手，中触手不分节、侧触手2节。触角球状，不分节。触须3节。背、腹须分节。背秆刚毛有两种：上部的呈宽大舌片状，具15~16条纵纹，在背面呈覆瓦状横排，下部的4~5根窄小。腹刚毛复型异齿镰刀状，端片一侧有锯齿（图5-15）。

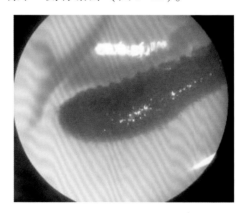

图5-15 秆背虫

习性和地理分布 分布于北美太平洋沿岸从加利福尼亚到阿拉斯加、南非、澳大利亚，我国黄海、南海。大连南部海域在老铁山海域有分布，栖息密度 0.26 个/m²，生物量 0.01 g/m²。

鳞沙蚕科（Aphroditidae）

体卵圆形，背腹扁平，体节数不超过 60 节。背面多为鳞片和毡毛所覆盖。口前叶具一中触手，眼常具柄，口前叶前缘具一个很发达的颜瘤，翻吻无颚或具 1 对大颚。鳞片 15~20 对，位于第 2、第 4、第 5、第 7 体节，与背须交替出现。疣足双叶型，背刚毛具形成毡的细丝刚毛和粗足刺状刚毛，在具鳞片节上可能偶有粗刺鱼叉状刚毛；腹刚毛简单，有时呈叉状。

鳞沙蚕多在软底泥上，缓慢活动扑食。

澳洲鳞沙蚕（*Aphrodita australis*）

多毛纲（Polychaeta）；叶须虫目（Phyllodocimorpha）；鳞沙蚕科（Aphroditidae）

标本采集站位 C148

俗称海毛虫，体长 40~70 mm，宽 20~40 mm，35~40 刚节。口前叶圆，具 1 根细短中触手。触角 2 条，长为口前叶的 7 倍，背鳞 15 对，平滑且为毡毛所覆盖。背足刺刚毛古铜色，长而弯曲，数量多并成束，覆盖于整个背面；体后部刚毛束彼此交叉。腹刚毛可分为 3 层：上层 2~3 根最粗，中层 3~4 根和下层 7 根皆具尖端（见图 5-16）。

习性和地理分布 分布于太平洋东北部和我国黄海、渤海，常见于潮间带的泥沙滩和浅海泥质海底，大连石槽、黑石礁、龙王塘、大黑石等地都能采集到。本次调查在大连南部海域小平岛海域等部分海域采集

图 5-16　澳洲鳞沙蚕

到样品，栖息密度 0.26 个/m²，生物量 0.69 g/m²。

管栖目（Sedentaria）

锥头虫科（Orbiniidae）

　　虫体多细长蛆状，口前叶圆锥形、球形或平截形。围口节 1~2 节，皆无附肢和刚毛。吻囊状无附属物。疣足双叶型，鳃有或无。刚毛简单型：毛状、钩状、叉状或矛状等。躯干分为两部分：肩平的、疣足侧生的胸部（区）和圆柱状、疣足背生的腹部（区）。这是锥头虫类区别于其他多毛环虫重要的形态特征。

　　除口前叶圆钝或平截的居虫属栖于岩岸海藻丛中外，锥头虫多建造临时性栖管，穴居于泥沙滩。

长锥虫（*Haploscoloplos elongatus*）

　　多毛纲（Polychaeta）；管栖目（Sedentaria）；锥头虫科（Orbiniidae）

　　标本采集站位　C005、C010、C024、C056、C057、C059、C077、C087、C114、C120、C127、C131、C137、C138

口前叶尖锥形，胸部和腹部以第 15 ~ 20 刚节为界。鳃始于第 12 ~ 16 刚节，开始为乳突状后渐变为长柱状，具缘须。胸部背足叶和腹足叶均为枕状垫，上有一乳突，第 15 ~ 18 刚节背、腹足叶呈小叶状。仅具有横排锯齿的毛刚毛。腹部：背足叶为叶片状，无内须；腹足叶分一大一小两叶，无腹须。酒精标本呈黄色或黄褐色，体长 7 ~ 40 mm，宽 1 ~ 3 mm，具 30 ~ 100 刚节（图 5-17）。

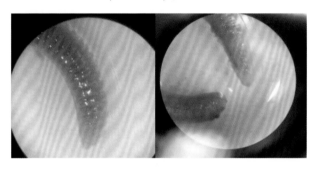

图 5-17　长锥虫

习性和地理分布　日本、美国阿拉斯加和加利福尼亚、加拿大、墨西哥，中国黄海、渤海、南海潮间带及潮下带均有分布。大连南部海域在老铁山海域、龙王塘海域、小平岛海域、星海湾海域和中山区海域等部分海域有分布，栖息密度 4.94 个/m²，生物量 0.79 g/m²。

欧文虫目（Oweniida）

欧文虫科（Oweniidae）

管栖蠕虫，栖于坚硬的沙管中。体长，圆柱形，体节数较少。体前端多无附肢、常具聚集食物的分枝叶状漏斗。躯干部前区体节长，后区体节短。疣足不发达，背刚毛锯齿毛状；腹刚毛多排成一横带，为双齿或三齿钩状刚毛。

欧文虫 （*Owenia fusformis*）

多毛纲（Polychaeta）；欧文虫目（Oweniida）；欧文虫科（Oweni-idae）

标本采集站位 C005

栖管细长且两端尖细，内壁具角质的弹备膜，外面粘有沙粒或碎贝壳。体前端具聚集食物的叶状漏斗，叶状漏斗约具 6 个双叉分枝且围绕着口，口呈三叶，具一个背唇和两个腹唇。两个眼点不明显，位于漏斗腹面。躯干部前三刚节较短，仅具毛林背刚毛，后为 5 个长的体节，再后体节逐渐变短为 17~25 节，具侧锯齿的毛状背刚毛和长柄双齿钩状刚毛，腹刚毛在横的腹枕上排成一横排。虫体黄绿色，叶状漏斗红色。体长 30~60 mm（图 5-18）。

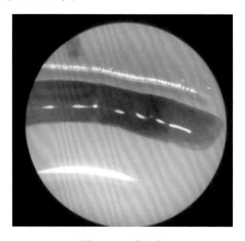

图 5-18　欧文虫

习性和地理分布　大西洋从格陵兰、瑞典到卡罗来纳，墨西哥湾、非洲沿岸、地中海和红海、印度洋、北太平洋、白令海峡、日本及我国黄海泥沙滩均有分布。大连南部海域在中山区海域有分布，栖息密度 0.52 个/m²，生物量 0.04 g/m²。

蛰龙介目（Terebellida）

蛰龙介科（Terebellidae）

管栖蠕虫，具粘有沙和泥的栖管。体前端具许多不能缩入口中的有沟触手，口背腹面具触手叶。躯干部可分为两区：前区（胸区）较粗大，疣足双叶型，有时具腹面腺垫，鳃和侧叶常位于前三体节上，背刚毛翅毛状、腹刚毛齿片状，齿片具单排齿或主齿上方具密集的细齿；后区（腹区）体节多，无背足叶和背刚毛或仅具不发达的小背足叶，但具腹足叶和腹齿片。尾节无肛须。

吻蛰虫（*Artacama proboscidea*）

多毛纲（Polychaeta）；蛰龙介目（Terebellida）；蛰龙介科（Terebellidae）

标本采集站位　C061

触手短，从马蹄形触手叶上生出，无眼点。圆锥状吻从围口节前腹面伸出，其上有很多锥状乳突。第 2~3 节上无侧瓣。对丝状鳃位于第 2~4 节上，鳃丝从基柄上生出。肾乳突位于第 3、第 6~9 节背足叶后（有时不易看到）。背刚毛始于第 4 节，有 17 个胸刚节；腹齿片始于第 5 节，前胸腹齿片单排，后胸腹齿片双排，齿片鸟嘴状，主齿上具很多小齿。腹区齿片具柄（见图 5-19）。

习性和地理分布　分布于北大西洋、白令海及日本和我国黄海潮下带。大连南部海域在龙王塘海域有分布，栖息密度 0.26 个/m²，生物量

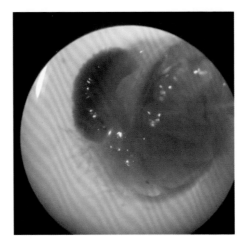

图 5-19　吻蛰虫

0.01 g/m^2。

西方似蛰虫 （*Amaeana occidentalis*）

多毛纲 （Polychaeta）；蛰龙介目 （Terebellida）；蛰龙介科 （Terebellidae）

标本采集站位　C028、C039、C095

口前叶大，为椭圆形叶片，围口节在腹面形成低唇，其背面有很多触手，触手有须状和柳叶形两种。无鳃。具 12 个胸刚节，前 3 对背足长，以后背足较短，背刚毛刺毛状。腹区具 33~47 刚节，疣足不明显，仅具圆头状内足刺，无齿片。肾乳突位于胸区腹足基部，前 1 对最大，以后很小 （不易看见），直分布到后胸区 （见图 5-20）。

体最长约 50 mm，宽 6 mm。胸区有乳突状花斑，以后体表光滑。在胸、腹区之间 5~6 节常无疣足突起。固定标本肉褐色或浅棕色。

习性和地理分布　分布于美国加利福尼亚中部和南部，我国黄海

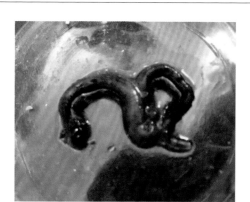

图 5-20　西方似蛰虫

（13~23 m）、东海（舟山）。大连南部海域在老铁山海域、龙王塘海域和星海湾海域等部分海域有分布，栖息密度 1.30 个/m²，生物量 0.65 g/m²。

烟树蛰虫（*Pista-typha*）

多毛纲（Polychaeta）；蛰龙介目（Terebellida）；蛰龙介科（Terebellidae）

标本采集站位　C038

胸区有 15~24 刚节，有 1 对、2 对或 3 对似灌木丛生的鳃，2 对鳃明显不等大。常具一粗主茎，前部几节有侧瓣。背刚毛始于第 4 节，具光滑末端。齿片始于第 5 节，1~2 排，鸟嘴状，具长柄或短柄（见图 5-21）。

习性和地理分布　分布于厦门岛、同安湾、厦门港、安海港的潮间带和潮下带。大连南部海域在老铁山海域有分布，栖息密度 0.52 个/m²，生物量 0.02 g/m²。

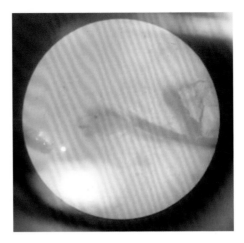

图 5-21 烟树蛰虫

毛鳃虫科（Trichobranchidae）

体长、蛆状，前端宽扁，后端尖。口前叶与围口节愈合形成一个大的褶皱状的头罩，背唇、触手叶位于口上方，其上具许多不能收缩的丝状有沟触手。躯干部分为两区：胸区（前区）粗壮，腹面无腺垫，前背面最多具 4 对鳃，疣足双叶型，腹刚毛长柄钩状，背刚毛毛状；腹区（后区）细长，体节数多，疣足仅具腹叶和腹齿片，齿片主齿上方具密集的细齿。尾节无肛须。

毛鳃虫类与蛰龙介类极相似，但毛鳃虫较纤细多肌肉，有褶皱起伏的口前叶，胸区腹刚毛长柄钩状（非齿片），腹面无腺垫。

梳鳃虫（*Terebellides stroemii*）

多毛纲（Polychaeta）；蛰龙介目（Terebellida）；毛鳃虫科（Trichobranchidae）

标本采集站位　C002、C095

虫体为均匀的长锥状。头罩（触手叶）直立，具褶皱，其背面有很多须状触手，腹面愈合成领状唇。无眼。一个粗柄的鳃位于第 2~4 体节间，柄上有 4 个梳状瓣鳃。胸区具 18 刚节，第 1 刚节始于第 3 体节，背刚毛为翅毛状，腹刚毛单齿足刺状末端弯曲，以后腹刚毛具长柄、主齿弯曲，其上有数个小齿。腹区端片鸟嘴状，主齿上具多行小齿（图 5-22）。

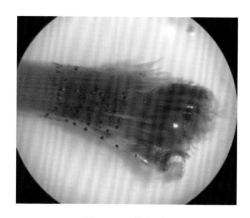

图 5-22　梳鳃虫

习性和地理分布　广分布种。我国渤海、黄海及南海均有分布。大连南部海域在龙王塘海域和星海湾海域等部分海域有分布，栖息密度 0.78 个/m²，生物量 0.46 g/m²。

双栉虫科（Ampharetidae）

具栖管的管栖蠕虫，栖管具泥或泥沙质、易碎，常附以沙粒、海藻、贝壳等。口前叶简单或发达，具侧褶或腺脊。触手能缩入口中，平滑或羽状。躯干部长锥形分成两区：胸区（胸部）具 3~4 对（少数 2

对）横排于背面光滑的或羽状的鳃。疣足多为双叶型，背刚毛翅毛状，腹齿片多无小齿冠。有些种第1刚节常有前伸的稃刚毛。腹区（腹部）背叶变小或退化，无背刚毛，具发达的腹叶，腹齿片与胸区的相同，但常有齿冠。双栉虫多栖于较深的水域，少数见于浅水。

米列虫（*Melinna-cristata*）

多毛纲（Polychaeta）；蛰龙介目（Terebellida）；双栉虫科（Amph-aretidae）

标本采集站位 C002、C010、C023、C029、C030、C031、C032、C042、C047、C048、C056、C057、C060、C061、C067、C071、C072、C075、C076、C079、C080、C081、C083、C085、C086、C091、C092、C100、C112、C113、C120、C136、C138、C148、C153、C154

口触手光滑具侧沟。鳃须状且光滑，4个一组约在一半处愈合。前第3~6节愈合，细腹足刺刚毛埋入表皮里。一对粗的鳃后钩刚毛位于第4节（第2刚节），背刚毛始于第5刚节；具14个胸齿片枕节，胸区腹齿片始于第7节（第5刚节）。横的背脊位于第6节，锯齿状。胸区腹齿片有3~4个齿，排成一排。腹区有30~50节，有腹齿片枕和小的背足叶。尾节无肛须。体长45~85 mm，宽4~5 mm（图5-23）。

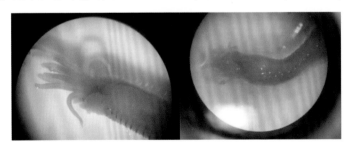

图5-23　米列虫

习性和地理分布　北大西洋从格陵兰、挪威到英吉利海峡和北卡罗来纳，北太平洋从阿拉斯加到日本，我国黄海（50~69 m、褐色软泥或砂质泥）均有分布。大连南部海域在老铁山海域、龙王塘海域、小平岛海域、星海湾海域和中山区海域等部分海域有分布，栖息密度51.69 个/m²，生物量 3.26 g/m²。

丝鳃虫科（Cirratulidae）

体呈圆柱形，长 60~150 mm。体橙黄色。体常弯曲，背面隆起，腹面扁平。圆锥形口前叶，无触手、触须和眼点。体前端有许多鲜红色的鳃丝。疣足退化，每一体节都具一对细长丝状须。栖息在潮间带泥沙管中或在碎石下。为我国沿海各地常见种。

金毛丝鳃虫（*Cirratulus chrysoderma*）

多毛纲（Polychaeta）；蛰龙介目（Terebellida）；丝鳃虫科（Cirratulidae）

标本采集站位　C020

体细长，体节宽大于长。口前叶钝圆锥形；围口节 3 环。无眼。4~8 对有沟触须和鳃丝同始于第 4 刚节。体中部鳃丝背刚叶的距离较背、腹刚叶的距离短。仅具长的毛状刚毛，无足刺刚毛。酒精标本栗色。具 200 多个刚节（见图 5-24）。

习性和地理分布　分布于地中海，马来西亚、日本和我国黄海沿岸潮间带。大连南部海域在老铁山海域等部分海域有分布，栖息密度0.26 个/m²，生物量 0.13 g/m²。

图 5-24　金毛丝鳃虫

须鳃虫（*Cirriformia tentaculata*）

多毛纲（Polychaeta）；蛰龙介目（Terebellida）；丝鳃虫科（Cirratulidae）

标本采集站位　C145

体长 50~160 mm，约 300 刚节。体呈橙黄色，鳃丝呈浅黄色或红色。口前叶圆锥形，围口节有 3 环轮，细触角 2 束位于第 5 或第 6、第 7 刚节背面且在背中线相遇。鳃丝细长，体前部密集，体后部渐稀疏。鳃丝紧靠背刚叶。体节窄细。疣足退化，毛状刚毛分布于所有刚节的背、腹刚叶上。尾部尖锥形，肛门位于背面（见图 5-25）。

习性和地理分布　世界性分布种。栖息于潮间带及浅海泥沙滩中或石块下。大连的黄海和渤海水域均有分布，星海公园、黑石礁、龙王塘等地常见。本次调查在中山区海域有采集，栖息密度 0.78 个/m²，生物量 0.47 g/m²。

图 5-25　须鳃虫

小头虫目（Capitellida）

竹节虫科（Maldanidae）

体圆柱形，具较少而长的体节和乳突状疣足。前后端常为斜截形。口前叶与围口节愈合，无附肢，有项裂，常具头脊或缘膜围绕的头板。口位于腹面，吻无颚器而有乳头状突起。躯干部分区不明显。疣足双叶型，背叶短小，乳突状；腹叶长枕状。尾节（肛节）前 1~3 节（肛前节）无刚毛，尾节具圆锥形、斜截形或漏斗状的肛板。

竹节虫类习见于陆架沉积物中，具泥沙质栖管。在潮间带和浅海可采到。虫体一般较大，体长常达 100~200 mm。

带楯征节虫（*Nicomache personata*）

多毛纲（Polychaeta）；小头虫目（Capitellida）；竹节虫科（Maldanidae）

标本采集站位　C061

无头板，头斜截形，头脊拱形，项裂短弯曲。前3刚节具腹足刺刚毛，粗直末端钝，以后刚毛为腹鸟嘴状，主齿上有5~7个小齿和数个更小的齿，主齿下有束毛。背刚毛翅毛状和细毛状。具一个无刚毛肛前节，肛板漏斗状，边缘有16~20个大小不等的短三角形乳突。无肛锥，肛门位于漏斗中央。头部和前3~4刚节有棕色色斑带（图5-26）。

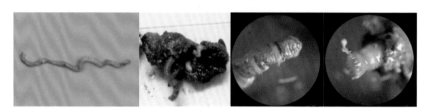

图5-26 带楯征节虫

习性和地理分布 分布于南阿拉斯加到温哥华太平洋海岸，日本，我国黄海潮间带、泥沙滩。大连南部海域在龙王塘海域有分布，栖息密度17.01个/m²，生物量0.95 g/m²。

缩头竹节虫（*Maldane sarsi*）

多毛纲（Polychaeta）；小头虫目（Capitellida）；竹节虫科（Maldanidae）

标本采集站位 C021、C091、C151

具有头板和尾板。头部长椭圆形，头脊高且呈拱形隆起；头缘膜发达，两侧具有深缺刻，其他部分光滑，头缘膜在背部向前伸展形成袋状结构。体前部棕褐色的色素点有或无。第1刚节无腹刚毛。尾板椭圆形，尾板缘膜两侧具1对深裂，尾板缘膜背侧光滑，腹侧光滑或形成钝锯齿形的浅裂叶（见图5-27）。

习性和地理分布 广泛分布于软泥底质的深水中。大连南部海域在

图 5-27　缩头竹节虫

老铁山海域和中山区海域等部分海域有分布，栖息密度 0.78 个/m²，生物量 0.04 g/m²。

简毛拟节虫（*Praxillella gracilis*）

多毛纲（Polychaeta）；小头虫目（Capitellida）；竹节虫科（Maldanidae）

标本采集站位　C020、C024、C026、C028、C042、C076、C080、C082、C100、C112、C120、C146、C148、C149、C150、C152、C154

头板椭圆形，缘膜发达，其背面和两侧各具深裂。头脊前具一前伸的指状突起（突起可长可短，长的可达头板的 2/3），项裂长直平行，几乎与头板等长，头脊较低。第 1~3 刚节具 1~2 根腹足刺刚毛，1 个主齿和 1~4 个小齿，无束毛。以后为鸟嘴状刚毛且排成一排，4~5 个小齿在主齿上，下面有束毛。背刚毛为翅毛状和细毛状。具 4 个肛前节，肛漏斗具 20~24 个缘须，腹面中央 1 根最长。肛锥突出，肛门位于末端。具刚节 18 个（见图 5-28）。

图 5-28　简毛拟节虫

习性和地理分布　分布于南加利福尼亚以北到加拿大西部、北大西洋和欧洲西部、地中海、日本以及我国南海（14~63 m，沙质泥或泥）。大连南部海域在老铁山海域、龙王塘海域、小平岛海域、星海湾海域和中山区海域等部分海域有分布，栖息密度 6.75 个/m²，生物量 0.48 g/m²。

曲强真节虫（*Euclymene lombricoides*）

多毛纲（Polychaeta）；小头虫目（Capitellida）；竹节虫科（Maldanidae）

标本采集站位　C076、C104、C151

头板缘膜后部有不明显的 10 个波状缺刻，头脊宽短，项裂直。第 1~3 刚节具 1~2 根光滑足刺腹刚毛，末端弯曲，以后腹刚毛为鸟嘴状且排成一排，具 1 个主齿和 5~6 个小齿，主齿下具束毛；背刚毛有翅毛状和羽毛状两种。第 1~2 刚节较长，长为宽的 2 倍，以后刚节长宽约相等，体后的刚节长为宽的 2~4 倍，有 3 个肛前节，第 1 肛前节较长，第 2~3 肛前节短，第 3 肛前节具 2 节。肛漏斗边缘具长短轮替的肛须，尤以腹面中央较长。无肛锥和腹瓣，肛门位于肛漏斗内陷处。本种固定刚节为 19 刚节，具泥沙管（见图 5-29）。

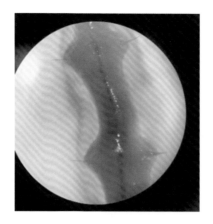

图 5-29 曲强真节虫

习性和地理分布 分布于北大西洋从苏格兰和英吉利海峡到摩洛哥、地中海，我国渤海（23~31 m、沙质底）。大连南部海域在龙王塘海域和中山区海域等部分海域有分布，栖息密度 1.30 个/m²，生物量 0.13 g/m²。

不倒翁虫目 (Sternaspida)

不倒翁虫科 (Sternaspidae)

不倒翁虫栖于深度不同的泥沙中。习见但个体数较少。本科具一属：不倒翁虫属，体短，为卵圆哑铃形，似不倒翁。口前叶内陷。体前 3 节具成排的足刺状刚毛。第 7 节具生殖乳突，其后为 8 个具纤细刚毛的节，体后部具刚毛围绕的、黄黑色或深红色几丁质腹板（楯板或角板），成束的鳃丝位于腹板后缘。

不倒翁虫 (*Sternaspis scutata*)

多毛纲 (Polychaeta)；不倒翁虫目 (Sternaspida)；不倒翁虫科

（Sternaspidae）

标本采集站位 C019、C040、C145、C150

体短圆呈哑铃形，长 20~30 mm，具 20~22 体节，前 7 节能伸缩。体表覆有细乳呈丝绒状。口前叶小，乳突状。前 3 节各侧具一排足刺刚毛，12~14 根。生殖乳突 1 对位于第 7 节上，其后 8 节纤细的刚毛嵌于体壁上。体后腹面，具斜长方形的楯板。15~17 束毛状刚毛自楯板边缘生出，毛状刚毛细而光滑。鳃丝数目多，弯曲状从楯板后缘生出。虫体体前 3 节的足刺刚毛在泥沙中挖穴取食，以体后的楯板盖于穴扣，鳃外伸以呼吸（图 5-30）。

图 5-30　不倒翁虫

习性和地理分布 本种为世界种。我国各海区潮下带常有分布。大连南部海域在老铁山海域、龙王塘海域、星海湾海域和中山区海域等部分海域有分布，栖息密度 1.04 个/m²，生物量 0.68 g/m²。

缨鳃虫目（Sabellida）

缨鳃虫科（Sabellidae）

具泥质、革质或胶质（非石灰质）虫管和鳃冠的管栖蠕虫。鳃冠

（触手冠）位于体前端，由 2 个半圆形或螺旋状鳃叶组成，鳃叶上有很多鳃丝，鳃丝上有许多横排小羽枝。躯干部光滑圆柱状，分为两区：胸区短，具背翅毛状刚毛和腹齿片或钩状（弯曲足刺状）刚毛枕；腹区很长，刚毛分布和胸区相反，具背齿片枕和腹翅毛状刚毛。尾部圆锥状。无壳盖。具 2 个有沟触角和 1 对膜状唇位于鳃叶间。第 1 体节（围口节）发达，常形成完整或有缺刻的领部。

胶管虫（*Myxicola infundibulum*）

多毛纲（Polychaeta）；缨鳃虫目（Sabellida）；缨鳃虫科（Sabellidae）

标本采集站位　C106

体成圆柱状，后端为锥形，具 1 对由 20~40 个鳃丝排成 2 个半圆形的鳃叶，鳃丝被薄膜相连几乎达顶部。领不明显，但形成低的两个靠近的背叶，腹面领为三角形。胸区 8 个刚节，背刚毛为翅毛状，腹齿片具长柄，钩状，其上具 1 个大齿和很多个小齿；腹区的小齿片形成长带，几乎达背面而愈合，腹区腹刚毛为具翅状，与胸区的背刚毛相似。尾部具眼点（与视觉有关的斑点）。栖管黏胶状半透明（图 5-31）。

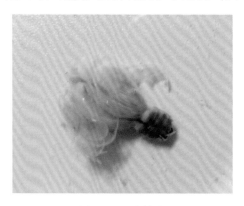

图 5-31　胶管虫

习性和地理分布 世界分布种。从格陵兰到苏格兰和英吉利海峡、地中海、北太平洋、日本。我国黄海（青岛）潮间带常可采到。大连南部海域在老铁山海域有分布，栖息密度 0.13 个/m²，生物量 1.30 g/m²。

巨刺缨虫 （*Potamilla myriops*）

多毛纲（Polychaeta）；缨鳃虫目（Sabellida）；缨鳃虫科（Sabellidae）

标本采集站位 C047、C076

鳃冠具鳃丝 40~46 对，每个放射鳃丝外侧有褐色大小不等的眼点 6~9 个（个别鳃丝无眼点）。领背面低分离，两侧有深裂，腹面具 2 个大的叶使领成 4 叶。胸区背面具翅毛状和匙状秆刚毛，腹面具一排鸟头体齿片（柄较长）和一排宽的掘斧状伴随刚毛。腹区背齿片同腹区腹齿片，但柄较短；腹区腹刚毛翅毛状（图 5-32）。

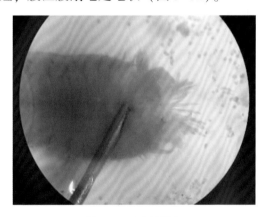

图 5-32 巨刺缨虫

习性和地理分布 分布于日本和我国黄海（34 m、泥沙砾）潮间带泥沙滩。大连南部海域在龙王塘海域、星海湾海域等部分海域有分布，栖息密度 0.52 个/m²，生物量 0.15 g/m²。

第六章　软体动物门（Mollusca）

软体动物门是动物界仅次于节肢动物门的第二大类群，已定名的现生种类超过 10 万种。软体动物门的动物身体通常柔软、不分节，由头、足、内脏团、外套膜四部分构成，体外常具分泌的贝壳，软体部各部分的结构和功能在不同动物中有较大变异。头在身体的前端，上面有口、眼、触角等；足在体腹面，在不同种类有爬行、挖掘、游泳等功能；内脏团在体背面，是各内脏器官所在处；外套膜包被在身体的外面，由内外两层表皮、中间的结缔组织和小量肌肉组成，起保护作用，视不同种类，外套膜有 1~2 个。外套膜的外表皮细胞能分泌贝壳，贝壳是软体动物的保护器官。贝壳的形态、数量在不同种类变化很大，也是分类的主要依据，有的种类不具外贝壳而具内贝壳，也有的种类贝壳完全消失。现存种类主要有多板纲（Polyplacophora）、腹足纲（Gastropoda）、掘足纲（Scaphopoda）、双壳纲（Bivalvia）和头足纲（Cephalopoda）。

动物在生活状态下，头伸出壳外活动，如遇意外则缩入壳内。软体动物门分布于地球上的各大水域，特别以海产居多。

多板纲（Polyplacophora）

多板纲现生的有 600 余种，遍布世界各大洋，分为鳞侧石鳖目（Lepidopleurida）和石鳖目（Chitonida）。身体左右对称，一般为椭圆形，背腹扁，背部有外套膜，腹面为肌肉发达的足部。足与外套膜之间为外套腔，鳃环列于外套腔中足的周围。足的前端有口盘，口在口盘上，口腔内有齿舌，齿式为（3+1）（2+1）（1.1.1）（1+2）（1+3）。肛门在身体后端，与口在同一直线上，外套腔中还有生殖器官和排泄器官的开口。

多板纲贝类完全为海产，一般生活在盐度为 29～35 的水域中。遍布世界各大洋，均营底栖生活，从潮间带至 5 000 余米的大洋深处均有分布，通常在潮间带岩石、珊瑚礁或大型海藻上生活。

鳞侧石鳖目（Lepidopleurida）

鳞侧石鳖科（Leptochitonidae）

本科动物长卵圆形；壳表面有细小的颗粒，无插入片，缝合片小；环带窄，上有细小的鳞或者鬃毛；鳃位于足后部两侧。

本科动物的种类较少，个体也较小，为寒温带生活的种类。从潮间带低潮区到水深 2 000 m 的海底都有发现。

低粒鳞侧石鳖（*Leptochiton rugatus*）

多板纲（Polyplacophora）；鳞侧石鳖目（Lepidopleurida）；鳞侧石鳖科（Leptochitonidae）

标本采集站位 C003

动物个体小，长约 10 mm，宽 6 mm。壳片上无嵌入片，缝合片小，呈三角形。壳片通常白色，但常因栖息环境而染有铁锈色或橘黄色沉积物。头板略呈半圆形，表面有许多细的放射肋排列不规则的生长纹。中间板短而宽；肋部特别大，表面具细密的呈颗粒状的纵肋。翼部较小，略高于肋部。尾板比头板稍大，壳顶位于中央靠前，中央区小，有细的纵肋；后区大，具有与中间板相似的、细小颗粒状的放射肋。环带黄色，窄，上面具有许多棘和簇状的鳞。翅约 10 对，位于足两侧的后部，鳃裂长度约占足长 1/3（图 6-1）。

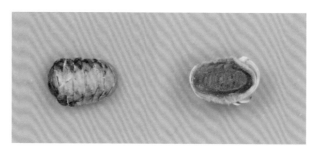

图 6-1　低粒鳞侧石鳖

习性及地理分布　为寒温带生活的种类，在黄海区从潮间带低潮区至 40 m 水深的海底都有发现。据记载水深 2 000 m 的海底也有它们栖息。除我国北方沿海分布外，日本海、鄂霍次克海、白令海等地也有分布。大连南部海域在中山区海域有分布，栖息密度 0.52 个/m²，生物量 0.01 g/m²。

腹足纲（Gastropoda）

腹足纲是软体动物门中最大的一个纲，约有动物 8 800 种，约占所有软体动物的 83%。它们遍及全世界海洋、湖沼、河流、高山和平原。本书涉及的科有锥螺科（Turritellidae）、骨螺科（Muricidae）、蛾螺科（Buccinidae）和塔螺科（Turridae）。腹足纲具有不对称的贝壳和内脏囊，这种体制并非原有，而是在发展过程中经过一定的演变而来，其祖先的体制是对称的，内脏囊位于身体的背部，外具一简单的贝壳。以后在演变过程中内脏囊逐渐发达，渐次向背部隆起，因而贝壳也随着增高增大，形成一个圆锥体。如此不易保持平衡，运动也极不便利，于是这种体制即顺着两个方向演变：一是使内脏囊由直立变为扁平；二是身体向后方倒下。腹足类是按第二种方向演变的。但是内脏团向后倒的结果是把外套腔的出口压在内脏和腔、腹足之间，于是腔内水流不畅。如此便开始旋转，先使外腔的出口移到侧面，然后向背面做 180°旋转。这种旋转的结果使内脏的器官左右变换位置。肛门由后端转到内脏囊的前方，这样水流即畅通无阻了。由于这种旋转，使左右两侧脏神经节交换位置，形成左右两侧脏神经彼此交叉为"8"字形；同时位于心耳后面的鳃转到心耳的前方。

原始腹足目（Archaeogastropoda）

锥螺科（Turritellidae）

贝壳呈尖高锥形，螺旋部高，螺层多。体螺层低，不膨大。壳表面常具粗细的螺旋肋。壳口小，圆形、卵圆形或近方形，完整或微具前沟，唇简单。厣角质，圆形，多旋，核位于中央。足短，前端截形，具沟，后端窄，钝。外套膜边缘具小触手。触角长，锥状，两触角间的距离较远，眼位于触角基部外侧。齿舌有变化，通常齿式为 $2 \cdot 1 \cdot 1 \cdot 1 \cdot 2$，具尖端。

本科动物分布很广，自热带至寒带都有其踪迹，生活在沙、泥质的海底，在我国沿海自潮间带的下区至 180 m 的海底都曾发现。

强肋锥螺（*Turritella fortilirata*）

腹足纲（Gastropoda）；原始腹足目（Archaeogastropoda）；锥螺科（Turritellidae）

标本采集站位 C007、C008、C127、C135、C145

俗称波螺。壳高 70～100 mm，呈尖锥状，壳质结实，壳面呈黄褐色，生长纹明显。螺层膨圆，16～18 层，其高度和宽度增长均匀。每一螺层有粗细不同、距离不均的螺肋 5 条，越近体螺层螺肋越明显。缝合线较浅。壳顶尖而光滑，常折损。螺旋部高，体螺层短。壳口近圆形，外唇薄且已破损。内唇稍厚，向体螺层延伸，形成滑层。厣角质，红褐色，圆形（图 6-2）。

图 6-2 强肋锥螺

习性和地理分布 为北方种，生活在潮下带水深 29～63 m 泥沙质的海底，以栖在 40 m 以上水深的（约 90% 以上）比较常见。其肉可食，亦为底栖鱼类的饵料（曾在鱼胃中发现）。在黄海分布的南限为 35°N。日本等地也有分布。大连南部海域在龙王塘海域和中山区海域等部分海域有分布，栖息密度 3.38 个/m²，生物量 1.88 g/m²。

新腹足目 （Neogastropoda）

骨螺科 （Muricidae）

壳膨大，为不规则的卵形。螺塔低，为少数角状螺环组成。体环大，为壳高的 1/2~2/3。壳口圆形或稍伸长；前沟长；外唇具齿突；内唇宽大。壳面具很多粗横脊，棘或粒状突起及明显的旋肋。

本科动物为前鳃亚纲中比较大的一个科，包括的种类很多，分布也很广泛，以热带和亚热带的种类为多。自潮间带至 3 000 m 深的海底均有其栖息，通常多在浅海岩石或珊瑚礁间生活；在沙或泥沙滩生活的种类多附着在其他物体上。

腊台北方饵螺 （*Boreotrophon candelabrum*）

腹足纲 （Gastropoda）；新腹足目 （Neogastropoda）；骨螺科 （Muricidae）

标本采集站位　C076

壳高 25~40 mm，大者高达 50 mm。壳呈长纺锤形，壳质薄，一般有腐蚀。螺层约 8 层，缝合线较浅，螺层高度与宽度增长迅速，形成梯状肩部。螺旋部小，体螺层膨大，下端伸展。壳顶光滑，螺旋部下部和体螺层有比较均匀呈片状的纵肋，纵肋在体螺层上有 8~9 条，并凸出肩部呈角状的棘。壳表灰白色，在体螺层中部有 1 条褐色螺带。壳口卵圆形，外唇薄，易碎。内唇近直，白色，覆盖脐部。前沟长，呈半管状，稍曲。厣角质，卵圆形 （见图 6-3）。

习性和地理分布　为北方种，生活于潮下带沙砾及泥沙质的海底，在黄海水深 30~72 m 都曾发现，但以 50 m 以上水深的较多，约

图 6-3　腊台北方饵螺

占总数的 65%。在我国仅见于黄海（南限为 35°5′N 以北）。据报道，水深 200 m 海底也有栖息，日本也有分布。大连南部海域在龙王塘海域有分布，栖息密度 0.26 个/m²，生物量 0.27 g/m²。

蛾螺科（Buccinidae）

壳呈长卵形或纺锤形，质厚。壳面具纵横螺肋或结节突起，并有壳皮。螺旋部低，体螺层膨圆。壳口前沟或长或短，外唇简单或内缘具齿，厣角质，通常为棕色，主要分 Mohnia 型、Buccinum 型和普通型 3 种类型。齿式为 0·1·1·1·0，中央齿宽短，具 3~7 个齿尖，侧齿具 2~8 个齿尖。多数为 2~3 个，中国记载有 20 余属共 70 种。

本科动物种类较多，分布也很广泛，由热带至寒带、从潮间带至深海都有它们的踪迹。因种类的不同，分别栖息在岩石、珊瑚礁、泥沙和软泥等不同的环境。在我国沿海，由潮间带至水深逾 100 m 的海底都曾发现。本科动物经济意义较大，如香螺、泥东风螺等，肉均可食，兼或药用。在黄海、渤海沿海的种类不多，整理出约有 7 属 10 种，其中 7 种为黄渤海特有种，分别为黄海蛾螺、朝鲜蛾螺，侧平肩螺、美丽莫尼螺、略肿胀香螺、皮氏蛾螺和老鼠蛾螺。

朝鲜蛾螺 (*Buccinum koreana*)

腹足纲 (Gastropoda)；新腹足目 (Neogastropoda)；蛾螺科 (Buccinidae)

标本采集站位 C092

曾定名为水泡蛾螺 (*Buccinium pemphigum*)，大连地区俗称香菠萝。贝壳大小中等，壳高 40~50 mm，壳质结实。螺层约 8 层，缝合线收缩。胚壳约 2 层，光滑。螺旋部呈圆锥形，体螺层膨大。成体壳表具粗细不等的螺肋，在各螺层中部常形成肩角，但也有的个体在螺旋部有弱的斜行纵肋（螺肋和纵肋的强弱在不同个体有变化）。壳表呈黄色或淡褐色，有时夹杂白色和棕色斑块（壳色和花纹有变化）。幼壳具黄褐色表皮，成体多脱落。壳口呈梨形，内部褐色或灰褐色。外唇稍扩张，口缘薄。螺柱稍扭（弯）曲，中部具一螺旋状的凹陷。外唇滑层弱，前水沟短而宽，向背方弯曲。厣薄，卵圆形（图6-4）。

图 6-4　朝鲜蛾螺

　　习性及地理分布　为冷水性的种类，从潮间带低潮区至水深 50 m 褐色泥沙、碎贝壳质的海底均有栖息。在我国仅在黄海北部发现。此外，日本北海道、白令海、堪察加等地都有分布。大连南部海域在老铁山海域有分布，栖息密度 0.13 个/m²，生物量 1.54 g/m²。

老鼠蛾螺（*Lirabuccinum musculus*）

　　腹足纲（Gastropoda）；新腹足目（Neogastropoda）；蛾螺科（Buccinidae）

　　标本采集站位　C014、C060、C113

　　又称小鼠脊蛾螺，壳高，45~65 mm，呈卵圆形。壳质薄，易破损。螺层约 5 层，缝合线细，螺旋部低小，稍突起，体螺层极膨大，占壳较大部分。壳表呈黄白色，外被黄褐色或黑褐色表皮，具纵横交叉的细线纹。生长纹细密，有时呈褶皱状。体螺层上具 30~32 条主肋，每两条方肋间各具 1~2 条细的次级螺肋。纵肋低圆，纵肋在螺旋部螺层和体螺层上部明显，在体螺层下部退化消失，次螺层具 13~15 条，体螺层 9~10 条。壳口大，内面灰色。外唇薄，弧形内缘具 12~13 条发达齿列。内唇较扩张，紧贴于体螺层表面后端，具齿状突起。前沟短，绷带发达，具假脐。厣角质，卵圆形，很小，盖不住壳口，多旋，核位于中央。肉呈杏红色（见图 6-5）。

　　习性及地理分布　多生活在潮下带（24~68 m）软泥质的海底。我国仅分布于黄海北部。朝鲜半岛、日本有分布。大连傅家庄、老虎滩、旅顺、长海有分布。本次调查在龙王塘海域和中山区海域等部分海域有采集，栖息密度 0.78 个/m²，生物量 1.59 g/m²。

图 6-5　老鼠蛾螺

塔螺科（Turridae）

　　贝壳长锥形或纺锤形，壳从小型至中等大，壳质通常结实，螺层多。螺旋部塔形，体螺层稍膨大。贝壳表面通常具有螺肋和纵肋，部分物种也有光滑表面，颜色较简单。壳口卵圆形或较窄，大多数种类在外唇后端有一缺刻（形状、深浅、位置因种类不同而异），是塔螺科 7 种亚科重要分类依据，前沟长或短。厣角质，一般有两种形态：树叶形到亚椭圆形厣核位于末端；圆卵形到亚卵圆形厣核位于中央，在芒果螺亚科和桂冠塔螺亚科无厣或厣退化。足前端截形，后端钝圆。触角柱状，眼位于触角外侧靠近基部。齿舌的齿弯曲，镰刀状，齿式一般有 4 种类型，即原始型齿式 1·1·1·1·1，侧齿型齿式 1·0·1·0·1，仅有缘齿型齿式 1·0·0·0·1，无缘齿或无侧齿型齿式为 0·1·1·1·0（见图 6-6）。

　　这科动物广泛分布在世界各海洋，从寒带至热带、从潮间带至深海都有它们的踪迹，种类较多，全世界 5 000 种，中国共计 417 种。从潮间带采到的标本多是小型的种类，个体稍大些的多栖息在潮下带。我国

图 6-6　塔螺（未定种）

沿海均有分布，黄海、渤海沿海的种类整理鉴定出 16 属 25 种。

标本采集站位　C083

双壳纲（Bivalvia）

体侧扁，两侧对称，具 2 片贝壳，称双壳类。头部退化，无触角和眼，也无齿舌和颚片等头部器官，故称无头类。在体的腹面有侧扁而呈斧状的足，称斧足类。在躯体外套膜腔内有瓣状的鳃，又称瓣鳃类。心脏由 1 个心室和 2 个心耳构成，心室常被直肠穿过。肾 1 对，一端开口于围心腔，另一端开口于外套腔。神经系统简单，由脑、足和侧脏 3 对神经节构成。感觉器官极不发达。一般雌雄异体。发育经过担轮幼虫和盘面幼虫期。根据贝壳的形态、铰合齿的数目、闭壳肌的发育程度和鳃的构造不同，双壳纲一般分为 6 亚纲：古多齿亚纲（Palaeotaxodonta）、隐齿亚纲（Cryptodonta）、翼形亚纲（Pterimorphia）、古异齿亚纲（Palaeoheterodonta）、异齿亚纲（Heterodonta）和异韧带亚纲（Anomalodesmacea），也有的学者分为列齿目（Taxodonta）、异柱目（Anisomvaria）和真瓣鳃目（Eulamellibranchia）3 目。现按 6 亚纲分类。

均为水生生活，大部分生活于海洋中，仅少部分淡水产。

胡桃蛤目 （**Nuculoida**）

胡桃蛤科 （Nuculidae）

贝壳三角形到卵圆形，两壳相等，前、后不等，前部长，前缘圆，后部短，常呈截形；壳内缘平，或具细的齿状缺刻；两壳能密闭，不开口；壳顶位于中央之后，多后倾；多无真正的小月面，楯而常呈心脏形；壳表平，或具同心刻纹，或者同心和放射两种刻纹同时存在；壳内面具珍珠层，外套线完整无窦；铰合齿"V"字形，数量很多，内韧带将其分为前列和后列；无真正的外韧带，内韧带位于壳顶下突出于铰合部的着带板上。外套膜腹缘游离，无愈合点；前、后闭充肌相等或近相等；原鳃型，鳃叶密集地着生于鳃轴两侧；唇瓣较大，略呈方形，具有长的、用以摄食的附属物；足强而有力，有足丝沟，但成体无足丝；咽部和胃部偏向左方；肠道长，局限于身体右侧，紧密盘绕；心脏有2个心耳，直肠在心室下方通过；脏神经节小于脑神经节，侧神经节明显；平衡器开口，其内有砂粒；多数为雌雄异体。胡桃蛤科的种类生活于潮下带到深水区的细颗粒沉积物中。它们以唇瓣附属物在沉积物中搜集有机碎屑为食。已发现有1 000余种，多为化石种，现生种仅约150种。

橄榄胡桃蛤 （*Nucula tenuis*）

双壳纲 （Bivalvia）；胡桃蛤目 （Nuculoida）；胡桃蛤科 （Nuculidae）

标本采集站位 C097、C119、C123、C133、C145、C151

壳型中等大，壳质较厚，两壳膨胀；壳顶突出，位于后端约1/4处；楯面细长，其表面刻纹是壳表生长线的延续，小月面不明显；壳的前端尖圆，后端近截形，前背缘微凸，后背缘平直而短；壳表面光滑，具有绿色或褐色壳皮，壳皮厚，有时脱落；同心生长线较粗糙，呈年轮状。壳内面有珍珠层，前、后闭壳肌痕较深，都很明显，略呈卵圆形；铰合部较厚，铰合齿粗壮，前齿列有齿20个左右，后齿列约8个；双向性外韧带较弱，内韧带强壮，其着带板宽，且伸向中腹缘。内腹缘光滑，无齿状缺刻（图6-7）。

图6-7　橄榄胡桃蛤

习性和地理分布　大西洋的北部和北太平洋俄罗斯的远东海，日本本州以北和中国黄海海域均有分布。本种为冷水性的种，在我国主要分布于黄海冷水团控制的黄海中部，是底栖生物群落种的优势种之一。在世界上垂直分布为0~250 mm，栖息于软泥沉积环境中。大连南部海域在老铁山海域、龙王塘海域、小平岛海域、星海湾海域和中山区海域等部分海域有分布，栖息密度1.43个/m²，生物量1.26 g/m²。

日本胡桃蛤（*Nucula nipponica*）

双壳纲（Bivalvia）；胡桃蛤目（Nuculoida）；胡桃蛤科（Nuculidae）

标本采集站位 C087、C113、C145、C149、C150、C151

壳中等大，壳质较薄脆，两壳侧扁；壳顶低平，向后倾；小月面长，周缘微下陷，中央隆起，楯面不甚明显，呈延长的心脏形；前缘圆，后端略呈截形，前背缘较凸，后背缘近平直，腹缘弓形；壳皮较薄，黄绿色，表面具光泽，生长纹细弱。壳内面具珍珠光泽，前闭壳肌痕梨形，后肌痕椭圆形；铰合部较单薄，铰合齿细弱，前齿列有齿近20个，后齿列6个左右。壳的内腹缘光滑无齿（图6-8）。

图 6-8 日本胡桃蛤

习性和地理分布 分布于日本太平洋沿岸 33°～34°N，日本沿岸的 37°N 附近，垂直分布于 600～1 350 m 海底。在我国原仅见于南黄海，水深在 44～80 m 的软泥底。大连南部海域在老铁山海域、龙王塘海域、小平岛海域、星海湾海域和中山区海域等部分海域有分布，栖息密度 1.43 个/m²，生物量 0.63 g/m²。

奇异指纹蛤（*Acila mirabilis*）

双壳纲（Bivalvia）；胡桃蛤目（Nuculoida）；胡桃蛤科（Nuculidae）

标本采集站位　C108、C141、C143

壳型较大，壳质坚厚；壳顶较低，位于背沿后端近 1/5 处；无小月面，楯面心脏形，其周缘下陷，中部隆起，表面刻纹较亮且更细密；贝壳前端圆，前背缘微凸，后端截形，腹缘弓形，但在后腹缘有一内陷的浅窦；自壳顶到后腹角有一放射浅沟，形成了自壳顶向后延伸的钝脊；壳皮厚，为深绿色或褐色；壳表具指纹状、分歧的"人"字形刻纹，壳后部放射脊上的刻纹可能是壳表刻纹的延续，或者单独形成另一组"人"字形刻纹。壳内珍珠层很厚，前肌痕略呈梯形，后肌痕为圆形；铰合部坚厚，前齿列有齿 25 个左右，后齿列约 12 个；内韧带的着带板粗壮，伸向前腹缘；壳的内缘前、后部具齿状缺刻（图6-9）。

图6-9　奇异指纹蛤

习性和地理分布　俄罗斯远东海域，日本北部海域和中国黄海海域均有分布。本种为冷水种，在我国分布于黄海冷水团控制的黄海中部，它是黄海中部冷水性底栖生物群落优势种之一。大连南部海域在老铁山海域、小平岛海域和星海湾海域等部分海域有分布，栖息密度 1.56 个/m²，生物量 0.63 g/m²。

吻状蛤科（Nuculanidea）

壳卵圆到长圆，多延长形，两壳相等，前、后不等，壳顶位于中央之前，前端圆，后部常呈喙状，末端开口；壳质较薄，壳型小到中等大；壳表具同心刻纹，有时具有同心刻纹相交的斜行刻纹；壳皮薄，具光泽。壳内面瓷质或亚珍珠质，外套线通常具外套窦，前闭壳肌痕大于后闭壳肌痕；前、后齿列在壳顶下不相连接；双向性外韧带，多数种具内韧带。外套在后部愈合，形成水管，出、入水管愈合，其末端具有不成对的触手；鳃为由叶片组成的原鳃型；沿鳃轴两侧排列，用作呼吸的水流是由肌肉收缩和纤毛活动所引起；唇瓣长，较狭窄，有很大的附属物；足有足丝沟，但成体无足丝；咽部和胃常偏向左方，肠道长而迂回；心脏有 2 个心耳，心室为直肠穿过；平衡器通常密闭，内有 1 个平衡石。

本科动物已发现约 250 种，生活于低潮线以下，但以生活在深水区的种类较多，营底内生活，以有机碎屑为食。

粗纹吻状蛤（*Nuculana yokoyamai*）

双壳纲（Bivalvia）；胡桃蛤目（Nuculoidae）；吻状蛤科（Nucu-lanidea）

标本采集站位 C058、C082、C122、C128、C129、C137、C148

壳型小，后部延长呈喙状。壳顶低，前倾，位于背部中央之前；小月面不明显，楯面细长，披针状，其表面光滑，无同心肋，壳的前部短、前端尖圆，后部细长，呈喙状，后端截形，后背缘微下陷，腹缘弓形；壳表被以黄绿色壳皮，同心生长肋较发达；自壳顶到后部有 2 条放射脊。壳内面白色，前、后肌痕不明显。铰合部前齿列有齿约 15 枚，后齿列 20 枚。内韧带位于壳顶之下（图 6-10）。

图 6-10　粗纹吻状蛤

习性和地理分布　是黄海冷水团中的优势种，常栖息于水深 27～92 m。中国台湾，日本津轻到九州也有分布。大连南部海域在龙王塘海域、小平岛海域、星海湾海域和中山区海域等部分海域有分布，栖息密度 1.55 个/m²，生物量 0.06 g/m²。

醒目云母蛤（*Yoldia notabilis*）

双壳纲（Bivalvia）；胡桃蛤目（Nuculoidae）；吻状蛤科（Nuculanidea）

标本采集站位　C038、C077、C097

壳型大，后部延长呈喙状。壳质薄脆，两壳极度侧扁，呈长卵圆形。壳顶低平，几乎不突出于表面，位于背部近中央处；小月面不明显，楯面细长，周缘深陷；壳的前端尖圆，后端尖细，前背缘微凸，后背缘平直，在后端微上翘；壳皮黄绿色，有年轮状轮脉，壳表生长线细弱，同时尚有斜行同心线，两者相交。壳内面灰白色，透过壳可看到表面的刻纹；外套窦深，可达壳中部，其顶端截形；前肌痕桃形，后肌痕横向延长，呈椭圆形。铰合部的前齿列有齿 24~30 枚，后齿列 14~18 枚（图 6-11）。

图 6-11　醒目云母蛤

习性和地理分布　本种是冷水种，在我国黄海集中分布于北黄海，在冷水团的控制区内，栖息于水深 19~73 m 的软泥底，在台湾分布于东北部海域。地理分布从俄罗斯远东海经日本到我国黄海。大连南部海域在老铁山海域、龙王塘海域等部分海域有分布，栖息密度 0.78 个/m^2，生物量 0.28 g/m^2。

帘蛤目（Veneroida）

蹄蛤科（Ungulinidae）

贝壳近圆形，壳质较薄，但结实，壳表较光滑，同心生长轮脉细密，有时且有褶皱。壳面白色，背有橄榄色或淡黄色壳皮。壳内前闭壳肌细长，外套线无窦，壳内缘光滑。通常为外韧带，铰合部窄，两壳各具主齿 2 枚，其中一个分叉，无侧齿。有二鳃板。外套膜缘仅 1 处愈合。肛门孔小，足孔大，足呈蠕虫状。

灰双齿蛤（*Felaneilla usta*）

双壳纲（Bivalvia）；帘蛤目（Veneroida）；蹄蛤科（Ungulinidae）

标本采集站位　C042、C043、C075、C076

贝壳小，壳质较薄。贝壳近圆形，长与高几乎近等，两壳大小及两侧近等，壳顶小，位近中央，两壳顶距离很近。外韧带，部分嵌入内部。前缘及腹缘圆，背缘向后延伸微呈钝角，后缘略呈截形。壳表面具有自壳顶向后缘下方不明显的龙骨隆起，形成上方一侧的缢痕。壳面同心生长轮脉细密，微显褶痕。表面被有橄榄色薄的壳皮，壳顶附近常脱落成为灰白色。两壳各具主齿 2 枚，无侧齿；左壳前主齿和右壳后主齿均较大而顶部分叉。前闭壳肌痕长卵圆形，后闭壳肌痕稍大且近纺锤形，外套痕简单，无外套窦（图 6-12）。

图 6-12　灰双齿蛤

习性和地理分布　我国北黄海，俄罗斯远东海、千岛群岛和日本北部都有分布，是一个明显具有冷水性质的种。大连南部海域在龙王塘海域等有分布，栖息密度 1.04 个/m²，生物量 0.18 g/m²。

索足蛤科（Thyasiridae）

贝壳通常较小或中等大，三角形到多边形，或呈斜卵圆形，壳质薄脆，或半透明，两壳相等，能密闭，前、后不等，壳顶小而尖；小月面突起，右壳小月面脊常形成一明显的后脊，形成后背区。两壳的背部向后延伸有1~2条褶皱直达壳的边缘。前肌痕狭长，不脱离外套线，外套完整无窦；铰合部多无齿，或有幼齿，有时右壳有一退化的齿；具外韧带；足细长，呈蠕虫状，末端膨大。足似索状，内脏囊呈树枝状。

本科动物为滤食性种类，通常深埋于沙底或泥底内，鳃内通常共生有化能合成细菌，冷泉和热液区也有分布。本科在黄渤海内仅分布有1种。

薄壳索足蛤（*Thyasira tokunagai*）

双壳纲（Bivalvia）；帘蛤目（Veneroida）；索足蛤科（Thyasiridae）

标本采集站位　C022、C023、C026、C033、C039、C040、C042、C043、C058、C060、C067、C073、C074、C075、C076、C078、C080、C081、C082、C086、C096、C097、C101、C106、C108、C109、C110、C111、C114、C116、C118、C119、C120、C121、C122、C123、C124、C125、C126、C127、C128、C129、C130、C131、C133、C134、C135、C136、C137、C139、C140、C141、C142、C143、C144、C145、C146、C147、C148、C149、C150

壳质薄脆，壳高大于壳长；壳顶尖，前倾；壳的后部有2条背褶；壳表面被以土黄色壳皮，生长线细，不甚规则；小月面心脏形，其边缘脊不明显；楯面细长，略凸。前肌痕呈"8"字形，后肌痕为圆形。铰合部弱，左壳壳顶处有一齿状结节；右壳小月面边缘脊处有一突起。贝壳小，壳质薄脆。近半透明，壳呈三角卵圆形，长与高近等，两侧近等，壳顶位近中央略靠前方，两壳顶微向内曲，小月面凹陷，楯面窄长；呈披针状。外韧带不突出。背缘斜，前缘及腹缘圆，后缘近截形，并微向内凹。两壳的背面自顶向后延伸有一条明显的褶皱直达壳的边缘。壳面白色，同心生长轮脉细密。壳内面白色，微有光泽，铰合部窄，无齿，前闭壳肌痕长形，后闭壳肌痕卵圆形，外套痕简单（图6-13）。

图 6-13　薄壳索足蛤

习性和地理分布　分布于我国黄海冷水团，数量很大，是冷水性群落的主导种。为黄海常见种，在日本和朝鲜海域也有分布。分布水深40~80 m。大连南部海域在老铁山海域、龙王塘海域、小平岛海域、星海湾海域、中山区海域等部分海域有分布，栖息密度114.55 个/m²，生物量1.86 g/m²。

鸟蛤科（Cardiidae）

两壳相等，较膨胀。壳顶突出，位于背部中央附近。壳通常圆形，其表面的刻纹主要由放射肋所构成，但有些种类放射肋退化。具外韧带。铰合部各有主齿2枚，前、后侧齿各1个，铰齿有时萎缩或消失。前、后肌痕相等，外套线完整无窦，壳的内腹缘呈锯齿状。

鸟蛤科中暖水性的种类居多，大都生活在潮间带和大陆架的范围之内。本项目采集到1种。

黄色扁鸟蛤（*Clinocardium buellowi*）

双壳纲（Bivalvia）；帘蛤目（Veneroida）；鸟蛤科（Cardiidae）

标本采集站位　C009、C012、C081、C115、C124、C128、C148、C154

大连地区俗称黄色扁鸟蛤为鸟贝。壳呈圆形，与加州扁鸟蛤相似，壳质虽厚，但易碎，两壳相等，较膨胀。壳顶前倾，位于近中央，两壳顶彼此接近；壳的前缘和腹缘圆；自壳顶到后缘有一放射褶；壳表有黄褐色壳皮；有低的圆形放射肋35条，同心生长纹细弱，在肋上留下同心刻纹。壳内面灰黄色，两肌痕卵圆形，并移向前、后背缘，距壳顶较近，没有外套窦。铰合部弱，两壳各有2枚主齿，前、后各1枚较低且略呈三角形的侧齿（图6-14）。

图6-14　黄色扁鸟蛤

习性和地理分布　多生活在潮下带沙泥质海底，营底栖生活。朝鲜半岛、日本和我国渤海、黄海都有分布。大连市长海也有分布。大连南部海域在老铁山海域、龙王塘海域、小平岛海域、星海湾海域和中山区海域等部分海域有分布，栖息密度 2.08 个/m²，生物量 17.80 g/m²。

蛤蜊科（Mactriidae）

贝壳呈三角形、卵圆形及长方形，前后多不等。壳顶突出。左壳铰合部有一分叉的前主齿和一细后主齿，右壳主齿呈"八"字形，位于韧带槽前方，右壳前后侧齿为双齿型。内韧带发达，位于 1 个突出于铰合部的着带板上；肌痕及外套窦明显。

多数种栖息在潮间带的中、下区和潮下带百米以内的浅海，少数种能生活在数百米以上的深海，营穴居生活，贝壳埋在细沙或泥沙中。我国沿海已发现 30 余种，黄海、渤海内有 8 种。

秀丽波纹蛤（*Raetellops pulchella*）

双壳纲（Bivalvia）；帘蛤目（Veneroida）；蛤蜊科（Mactriidae）

标本采集站位 C001、C109

贝壳小，壳质极薄，呈三角形或椭圆形，壳前缘圆，腹缘呈弧形；后缘细而略尖，微开口。壳顶约位于背缘中部，较凸。小月面大，明显，略呈心脏形。壳表呈白色，近壳缘处略显淡黄色。壳面不平，绕壳顶为规则的起伏波浪状；无放射肋；生长线极细密、略斜，不规则。贝壳内面白色，略具光泽，有与壳面相应的波纹；肌痕较明显，前、后闭壳肌痕皆呈椭圆形；外套窦大，较宽圆。外韧带小，极薄；内韧带较大，呈三角形，位于壳顶下方的韧带槽中，略斜。铰合部窄，右壳在韧带槽前方具有"人"字形主齿，往往前片与一小片愈合而仅留有一小凹，左壳主齿呈"八"字形，其前方有薄齿片；前、后侧齿细长，片状。水管愈合，较细长，略呈浅黄褐色。足扁平，末端较尖细（图6-15）。

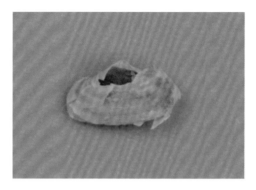

图 6-15　秀丽波纹蛤

习性和地理分布　仅见于潮下带，生活在低潮线以下至 90 m 深的浅海底，穴居于褐色软泥或细泥沙中。在我国南北沿海分布极为普遍，为底栖贝类中数量较大、分布普遍的常见种。壳小，食用价值不大。为印度—西太平洋区广布种，日本北海道至九州，向南到东南亚一带都有它们的踪迹。大连南部海域在老铁山海域和星海湾海域等部分海域有分布，栖息密度 0.39 个/m²，生物量 0.03 g/m²。

樱蛤科（Tellinidae）

贝壳呈椭圆形或三角形。两壳侧扁，后部多向右偏；外韧带明显，褐色；两壳各有 2 枚主齿，其中 1 枚分叉；右壳前后侧齿较发达，左壳的侧齿常退化；外套窦深，在两壳上可能不一致。

樱蛤科的种类多而分布广，在世界寒带、温带、热带各海都有分布。多数种在潮间带和潮下带的泥沙中营穴居生活。本科在黄海、渤海目前分布有 7 属 16 种。

虹光亮樱蛤（*Nitidotellina iridella*）

双壳纲（Bivalvia）；帘蛤目（Veneroida）；樱蛤科（Tellinidae）

标本采集站位 C115

壳长 20~25 mm，呈长椭圆形，扁平。壳质薄，半透明。壳顶低矮，壳宽较小。壳表颜色多变，白色或粉红色，光滑具虹彩，无小月面和楯面。壳表同心纹与细弱的生长线以锐角相交。壳内面颜色与壳表相似，闭壳肌痕较明显。铰合部窄，两壳中央齿明显，呈"八"字形。外套窦宽长，与前肌痕不相交，腹缘与外套线会合（图6-16）。

图 6-16 虹光亮樱蛤

习性和地理分布 多生活在潮间带和潮下带的沙泥质海底，穴居生活。朝鲜半岛、日本及我国沿海有分布。大连旅顺、庄河也有分布。大连南部海域在龙王塘海域有分布，栖息密度 0.13 个/m^2，生物量 0.01 g/m^2。

海螂目 （**Myoida**）

篮蛤科 （Corbulidae）

壳质厚或稍薄，两壳不等，左壳小于右壳。壳后部细，末端尖，喙状。壳表面有同心生长纹，其生长纹的粗细和强弱随不同的种类而异，放射线有或无。右壳有一锥形主齿，左壳有一相应齿槽。具内韧带，仅在一个壳的铰合部有着带板；外套窦浅或无。

这一科的种类主要分布于西太平洋海域，多数种类生活于数米到数十米的浅海或河口区，潮间带较少见。黄海、渤海内目前发现有 6 种。

光滑河篮蛤 （*Potamocorbula laevis*）

双壳纲 （Bivalvia）；海螂目 （Myoida）；篮蛤科 （Corbulidae）

标本采集站位　C043、C144、C151

贝壳小，近等腰三角形或长卵圆形，壳质薄。两壳不对称，左壳小、右壳大而膨胀，其腹缘中部和后部较左壳扩张并包卷在左壳腹缘上；背缘在壳顶前、后成斜线，前缘和腹缘圆，后缘略呈截状；壳顶位于背缘中央或稍近前端，两壳顶极接近或相接；韧带褐色，位于壳顶下面的韧带槽内。壳面有细密的同心生长纹，右壳上隐约可见细密的、断续的放射线纹，壳表覆有黄褐色壳皮。贝壳内白色；前闭壳肌痕长卵圆形，后闭壳肌痕近圆形，外套痕清楚，外套窦浅 （见图 6-17）。

习性与地理分布　本种幼体多生活在潮间带上部，成体多在浅海发现，栖入泥沙内很浅，它们喜群居，数量极大，俗称"海砂子"，多做对虾饲料或肥料。我国从辽宁至广东沿岸都有分布。大连南部海域在龙王塘海域、星海湾海域和中山区海域等部分海域有分布，栖息密度

图 6-17　光滑河篮蛤

0.78 个/m^2, 生物量 0.02 g/m^2。

笋螂目（Pholadomyoida）

里昂司蛤科（Lyonsiidae）

贝壳近圆形到长圆形，壳质薄脆，两壳不等，前、后亦不等。壳顶完整，位于背部中央之前；前端圆，后部多成喙状，末端截形，并开口。壳表有放射线，其上常附有沙粒。铰合部无齿；外韧带弱，内韧带上有长的石灰质韧带片。

本科种类分布于潮下带浅水区，但种数不多，数量也不大。在黄海、渤海共发现 3 种。

舟形长带蛤（*Agriodesma navicula*）

双壳纲（Bivalvia）；笋螂目（Pholadomyoida）；里昂司蛤科（Lyonsiidae）

标本采集站位　C079

壳长 60~70 mm，壳近长方形，壳质厚。壳顶膨大，位置极近前端，前背缘短。壳的后部长，后背缘长而平直，几乎同腹缘平行。壳表被有一层很厚的深褐色壳皮。壳内面珍珠层较厚，具光泽，前肌痕肾脏形，后肌痕略呈桃形。内韧带长，其上附有一个细长的石灰质韧带片（图 6-18）。

图 6-18　舟形长带蛤

习性和地理分布　多生活在潮间带和潮下带的砂质海底，我国黄海及日本有分布。大连旅顺、长海、庄河也有分布。大连南部海域在龙王塘海域有分布，栖息密度 4.16 个/m²，生物量 1.20 g/m²。

短吻蛤科（Periplomatidae）

壳质薄脆，呈卵圆到圆形。左右侧扁，两壳不等，右壳较左壳大而凸。壳顶较尖，有一横裂缝；前部大，前端圆，后部短，较细，略呈喙状，并开口。壳皮薄，其上常附有砂粒；壳表多有粒状突起。壳内具珍珠光泽，有外套窦。铰合部通常无齿，外韧带弱或完全消失，内韧带位于匙形的着带板上，着带板下有一支撑肋。石灰质韧带片呈 "V" "U" 或 "Y" 字形，有些种类无此韧带片。外套膜在腹面广泛愈合，有孔足，第四开口或有或无。前闭壳肌断面长，后闭壳肌断面圆。前、后缩足肌小，有时退化。水管长，在基部即分离。心脏有 2 个心耳，心室为直肠穿过。

日本短吻蛤（*Periploma japonicum*）

双壳纲（Bivalvia）；笋螂目（Pholadomyoida）；短吻蛤科（Periplomaidae）

标本采集站位　C154

壳型较大，壳质薄脆，半透明，左右侧扁，两壳不等，右壳大于左壳。壳顶尖，但较低，向后倾，有 1 条短的裂缝，位于背部中央之后。壳的前部宽大，前缘圆，前背缘微凸，后部短小，较细，后端截形，并开口，后背缘直。自壳顶到后腹缘有 1 条低的放射肋，可定前腹缘有 1 条浅的放射沟。壳面有生长线，在后部常形成粗糙的皱纹；壳皮薄，在壳缘和后部呈土黄色。壳内具云母状光泽，前肌痕细长，后肌痕圆；外套窦宽而浅。铰合部无齿，内韧带发达，位于一个有支撑肋的着带板上，内韧带上有一个"Y"字形的韧带片（图 6-19）。

图 6-19　日本短吻蛤

习性和地理分布　生活于水深 27~84 m；分布于我国黄海和日本相

模湾到九州。大连南部海域在中山区海域有分布，栖息密度 0.26 个/m^2，生物量 0.13 g/m^2。

色雷西蛤科 （Thracidae）

壳质较薄脆，前、后不等，两壳亦不等，右壳较大也较凸，略呈不规则的四边形到圆形。通常两壳能密闭，不开口；壳顶完整，位于背部中央或稍后；壳表面常被满粒状突起，壳皮薄。壳内面无珍珠光泽，外套窦较深，前肌痕长，后肌痕圆形。铰合部无齿，外韧带位于壳顶之后，内韧带多位于一个倾斜的着带板上，石灰质韧带片或有或无。

小蝶铰蛤 （*Trigonothracia pusilla*）

双壳纲 （Bivalvia）；笋螂目 （Pholadomyoida）；色雷西蛤科 （Thracidae）

标本采集站位 C023

壳型小，壳质薄脆，两壳不等，右壳大于左壳。壳顶尖，位于背部中央之后，前部宽，前缘圆，后部收缩变细，末端截形，微开口，壳表有微小的粒状突起组成的放射线，壳顶到后腹缘有一隆起的放射脊 （图 6-20）。

图 6-20 小蝶铰蛤

壳内白色，外套窦较深，但达不到壳的中部。两壳的铰合部都有一突出的齿状着带板，内韧带上的石灰质韧带片呈新月形。

习性和地理分布　生活于浅水区 7~29 m。分布于日本本州北部的陆奥湾以南水域，在我国仅见于黄海。大连南部海域在龙王塘海域有分布，栖息密度 0.26 个/m²，生物量 0.01 g/m²。

第七章　节肢动物门（Arthropoda）

　　节肢动物是动物界最大的一门，在已知的 100 多万种动物中，节肢动物占90%以上。这类动物体常分为头、胸、腹三部分，也有的种类头部、胸部愈合形成躯干部。体外被有定期脱去的几丁质甲壳，称为外骨骼，部分甲壳向体内延伸，形成内骨骼，供肌肉附着。大多种类具单眼或复眼。典型的链式神经，混合体腔，开管式循环，以马氏管或后肾管作为排泄器官。节肢动物中，海生动物主要为螯肢亚门和甲壳亚门动物，其中以甲壳亚门居多。

　　迄今已鉴定的甲壳动物超过了 38 000 种，其形态各异，分布广泛，适应性强。除了陆生的潮虫外，绝大多数种类生活在水中，尤其以海洋居多。按形态构造其可分为 6 个纲，包括甲壳纲（Crustacea）、鳃足纲（Branchiopoda）、颚足纲（Maxillopoda）、头虾纲（Cephalocarida）、桨足纲（Remipedia）和介形纲（Ostracoda）。

甲壳纲 （Crustacea）

　　本纲是甲壳动物最高等、形态结构最复杂的一类，包括蟹、虾、虾蛄等。身体虾形，或缩短为蟹形。有些类群头部与胸部体节愈合，形成头胸部，外被头胸甲，形状变化很大。躯干部一般由 15 节构成，极少数为 16 节。其中胸部 8 节，腹部 7 节（个别 8 节），各节都有附肢 1 对。最末节为尾节，除叶虾目外均无尾叉。头部常有成对的复眼（有柄或无柄），少数种退化或全缺。发育过程中一般有幼体变态。主要为海生，少数栖于淡水，也有完全陆生（等足目）。大部种类为底栖型，部分为浮游型，等足目的许多种营寄生生活。

十足目（Decapoda）

寄居蟹科（Paguridae）

头胸甲后部钙化较轻。额角很短。腹部柔软，卷曲（在某些种类中，腹部次生性对称）。眼鳞片三角形。第 3 颚足基部通常为胸部腹甲所间隔，相距较远；座节具齿脊，附属齿有或无。第 1 胸足螯状，两螯不对称或偶有近对称，右螯通常明显大于左螯；有的左右近等称，但左螯绝不大于右螯。第 2、第 3 步足细且不具螯；第 4、第 5 对退化，通常具假螯。中部腹节多少为膜所间隔。多数种类仅左侧具 3 或 4 不成对的腹肢，雄性偶尔腹肢全无，末对胸足后常具交配肢；雄性第 1 腹节偶尔具成对腹肢。通常每侧具 5 对关节鳃及 1 侧鳃，侧鳃位于第 4 步足基部。约 20 属 550 种，世界各海洋，浅水与深水区均有分布。

艾氏活额寄居蟹（*Diogenes-edwardsii*）

甲壳纲（Crustacea）；十足目（Decapoda）；寄居蟹科（Paguridae）

标本采集站位　C009、C010、C148

体呈灰褐色。头胸甲长约 20 mm，颈沟前方部分壳硬，两侧具横褶皱，额角小，尖刺状，能活动。眼柄粗长。第 2 触角鳞片内侧具 1 列小刺。整肢左大右小，大螯腕节呈三角形，掌节扁平，其上下缘及指节具刺状突起，小型个体（头胸甲 10 mm 以下）背面具毛，而头胸甲长度在 18 mm 以上的个体光滑无毛，常有海葵附着共生。右螯指节与掌节具长毛。第 2、第 3 步足腕节及掌节前缘有小刺，指节长。腹部左侧具 4 腹肢（图 7-1）。

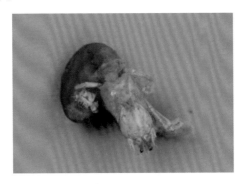

图 7-1　艾氏活额寄居蟹

习性和地理分布　生活于潮间带中下区域的沙滩或泥沙滩。我国沿海均有分布，大连潮海沿岸较常见，通常被底拖网或地笼捕获，无直接经济价值。大连南部海域在老铁山海域、龙王塘海域、小平岛海域、星海湾海域和中山区海域等部分海域有分布，栖息密度 1.30 个/m²，生物量 1.95 g/m²。

黄道蟹科（Cancridae）

头胸甲呈卵圆形。额窄。前侧缘十分拱曲，具发达的齿或叶。眼窝小。第 1 触角呈方形，长大于宽，第 1 触角纵向折叠。第 2 触角鞭短。口前板下陷且为第 3 颚足所遮蔽。第 3 颚足长节近方形，步足适于步行，末对步足与其他步足近等长。腹部 7 节。雌性生殖孔开口于胸部腹甲。

隆背黄道蟹（*Cancer gibbosulus*）

甲壳纲（Crustacea）；十足目（Decapoda）；黄道蟹科（Cancridae）

标本采集站位　C140、C149

头胸甲呈圆菱形，表面的各区可以辨认，各区的隆起部分均有细颗粒。额窄，分3齿，居中的一枚较窄而突出，两侧的呈三角形。内眼窝齿及眼窝背缘的齿突均呈三角形，不突出。前侧缘包括外眼窝齿共具三角形齿9枚，大小相间，末齿之后，即在内凹的后侧缘的前部又具一小齿。第2触角基节的外末角突出，此突出从背面内眼窝齿之前也可看到。步足的指节瘦长，较前节长。腹部雌性第7节呈锐三角形，边缘具长密毛。螯足短粗、腕节与掌节的外侧具棘刺及短毛，掌节外侧具4纵行棘粒和短毛。两指内缘具钝齿，指节末端呈深棕色（图7-2）。

图7-2　隆背黄道蟹

习性和地理分布　生活于水深30~100 m的泥沙质或具壳与沙质相混的海底上。分布于我国辽东半岛、朝鲜海峡、日本。大连南部海域在龙王塘海域和星海湾海域等部分海域有分布，栖息密度0.52个/m²，生物量0.74 g/m²。

方蟹科（Grapsidae）

头胸甲近方形、矩形、梯形或圆形。背面扁平或稍拱，具低的斜行或横行隆脊。侧缘平直或略突起，左右大多平行，常带锯齿，有些不具齿或叶瓣。额宽。眼窝位于或靠近头胸甲的前侧角，几乎占据除额外的整个头胸甲的前缘。口框呈方形。第3颚足之间通常具一宽的菱形空隙，须位于长节的外末角或前缘中部，外肢很纤细或者很宽。第1触角隔板很宽。步足指节明显具刺。雄性腹部第3至第5节大多可自由活动。雌、雄性生殖孔均位于腹胸甲。

栖息在海洋沿岸的岩礁间；攀附在海藻、浮木等漂浮物上，在海洋中漂流；或生活在河口、沼泽、河流甚至陆地上。我国总计38属98种。

绒毛近方蟹（*Hemigrapsus penicillatus*）

甲壳纲（Crustacea）；十足目（Decapoda）；方蟹科（Grapsidae）

标本采集站位　C020

头胸甲呈方形，前半部较后半部稍宽，肝区、心区、肠区及后鳃区均较低凹。额缘宽度为头胸甲宽度的1/2。前缘中部微凹。下眼窝脊由6~8枚颗粒突起组成。前侧缘具3齿（包括外眼窝齿）：第1齿大，第2齿较小且尖锐，末齿最小。螯足掌部内侧及两指内缘基部有1撮绒毛，内侧面的绒毛较外侧多。雌性螯足内侧及两指内缘基部无绒毛（见图7-3）。

习性和地理分布　栖息于潮间带中区和上区，一般生活在岩岸泥沙滩的碎石下或石缝中，有时河口泥沙滩也可采到。朝鲜及日本也有分布，我国沿海均产，大连黄海、渤海近岸均有分布，在一些海区为潮间带蟹类优势种。大连南部海域在老铁山海域等有分布，栖息密度0.26个/m²，生物量0.02 g/m²。

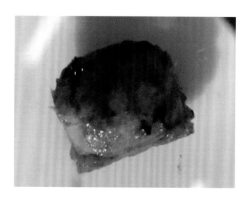

图 7-3 绒毛近方蟹

褐虾科 （Crangonidae）

大多数种类体长在 4~10 cm。额角短小或呈刺状。头胸甲较硬厚，有时凹凸不平。尾节尖细。眼发达。大颚简单，无触须。第 2 颚足的末节甚小，斜接于第 2 末节的末端；第 3 颚足具外肢，肢鳃有或无。第 1 步足强大，呈半钳状；第 2 步足细小，腕不分节；第 3 步足细小；第 4、第 5 步足强大，有时指节膨大；所有步足均不具肢腮；步足无外肢，如果有外肢，也仅第 1 步足有。

脊腹褐虾 （*Crangon affinis*）

甲壳纲 （Crustacea）；十足目 （Decapoda）；褐虾科 （Crangonidae）

标本采集站位 C136

体色黑白相间，有棕褐色小点，体侧颜色较浓。体长 40~70 mm，体型较大。体表面粗糙不平，具短毛。额角较长，末端与眼齐，其长度为头胸甲的 1/6。头胸甲及腹部均较细长。头胸甲微扁平，颊刺、肝刺及胃上刺均发达，触角刺略小。腹部第 3~6 节背面中央有明显的纵脊。

第 6 腹节背面纵脊中央及尾节背面中央均下陷形成纵沟。第 6 腹节腹面具纵沟，沟的两侧各有 1 列细毛。胸部第 2 步足间腹甲上的刺粗大，第 3~5 步足间亦明显。抱卵雌虾第 1、第 2 步足间的刺无变化，第 3~5 步足间刺消失。第 3 颚足较短，其末节长度约为宽的 6 倍。第 2、第 3 步足较细（图 7-4）。

图 7-4 脊腹褐虾

习性和地理分布 多属底层栖息的虾类，为底栖肉食鱼类的重要饵料生物。分布于我国舟山群岛以北的海区，产量较多。大连南部海域在中山区海域有分布，栖息密度 0.26 个/m²，生物量 0.54 g/m²。

美人虾科（Calllianassidae）

额角短小，侧缘通常无齿或刺。头胸甲背面两侧鳃甲线完整。第 2 触角鳞片退化。第 1、第 2 腹节形态不同于第 3 至第 5 节。第 1 步足螯状，左右大小不等或近相等；第 2 步足螯状；第 3 步足简单，掌节通常膨大；第 4 步足简单或亚螯状；第 5 步足指节甚短小，螯状或亚螯状。第 1、第 2 腹肢存在或缺失，如果存在，则小于第 3 至第 5 腹肢；雄性第 2 腹节双枝型，内肢具或不具内附肢及雄性附肢；雌性第 2 腹肢双枝型，内肢具或不具内附肢。第 3~5 对腹肢呈宽叶片状，内肢具有内附肢。尾扇形简单或特异。不具侧鳃。

哈氏美人虾（*Callianassa harmandi*）

甲壳纲（Crustacea）；十足目（Decapoda）；美人虾科（Calllianassidae）

标本采集站位　C068、C076

又称东方玉虾，俗弥蝼蛄虾、虾爬子。美人虾科的一种，体长2.5~5 cm。甲壳表面光洁，十分透明，甲壳硬厚处色白如玉。头胸部稍侧扁，头胸甲宽而圆，腹部平扁，体前部甲壳甚薄、后部较厚。第1对步足甲壳坚厚呈钳状，左右不对称，可动指内缘有2个突起，掌部长度约与腕节相等。海洋捕捞对象之一，有一定的产量（见图7-5）。

图7-5　哈氏美人虾

习性和地理分布　生活于沙底或泥沙底的浅海或河口附近，多穴沙泥而居，潮线附近较平坦之处甚多。我国北部沿海地区极为常见。渤海沿岸各地，每年秋季捕获甚多。肉甚少，无大经济价值。繁殖季节在春季及夏季。大连南部海域在老铁山海域、龙王塘海域、小平岛海域、星海湾海域和中山区海域等部分海域有分布，栖息密度 0.52 个/m^2，生物量 0.08 g/m^2。

等足目（Isopoda）

浪漂水虱科（Cirolanidae）

头三角形，眼大。胸肢 7 对，末节钩爪状。腹部 6 节，尾肢的内、外肢均较发达，游泳及呼吸用。大颚相当宽，多呈三齿状。颚足须的边缘具刚毛，但无钩。

日本浪漂水虱（*Cirolana-japonica*）

甲壳纲（Crustacea）；等足目（Isopoda）；浪漂水虱科（Cirolanidae）

标本采集站位 C001

头部额角呈突起状。两侧微凹入。复眼大，红褐色，位于两侧。胸部第 1 节最长，其他各节等长，第 7 节最短，第 2、第 3 节侧板后缘钝圆形，其他各节侧板后缘呈钝角。腹部尾节呈三角形。两侧弯曲，末端呈锯齿状。第 1 触角短小。柄部 3 节，触鞭短而粗，约 10 节。第 2 触角柄第 5 节最长，触鞭 24~25 节，伸至第 3 胸节前缘。胸肢第 1~3 对呈甲螯状，司捕捉，第 4~7 对末端爪状，司步行。腹肢 5 对，双枝型，雄性第 2 腹肢内肢内缘具针状雄性附肢。尾肢内外肢等长，侧缘均呈锯齿状，具短刺及羽状长毛（见图 7-6）。

习性和地理分布 生活时体呈淡黄褐色，常成群出现，肉食性。大连南部海域在星海湾海域等有分布，栖息密度 0.26 个/m²，生物量 0.08 g/m²。

图 7-6　日本浪漂水虱

团水虱科（Sphaeromidae）

体坚固，背拱起，受惊时常滚卷成球形。头宽，2 对触角的节数较多，可明显分为柄部和鞭部。尾节大而宽，尾肢着生在尾节的内侧位。尾肢的内肢为不可动性；外肢较长或缺，如有，则为可动性。

雷伊著名团水虱（*Gnorimosphaeroma oregonensis*）

甲壳纲（Crustacea）；等足目（Isopoda）；团水風科（Sphaeromidae）

标本采集站位　C033

体呈椭圆形。背板薄，微隆起，可向腹面卷曲成球形。体表光滑，具无色透明鳞片状花纹。头部前缘呈弧形，两侧具 1 对复眼。胸部 7节，从前向后逐渐变小，第 1 节侧板末缘呈锐角，其余各节侧板末缘均为钝角。腹部前 3 节在背中央愈合，两侧具明显区分线，尾节表面光滑，边缘整齐。第 1 触角柄 2 节，触鞭第 1 节长，其余 10 节短。第 2 触角柄 4 节，触鞭约 12 节。胸肢 7 对，形状相似，各足末端具 2 爪，适于爬行。腹肢 5 对，双肢型，叶片状，雄性第 2 腹肢内肢具附肢。尾肢内肢大不能活动。外肢小，呈纺锤形，边缘均具短毛。生活时体呈灰褐色，具白色椭圆形花斑，整齐排列于每节两侧（图 7-7）。

图 7-7　雷伊著名团水虱

习性和地理分布　分布于黄海、渤海沿岸。在潮间带石下或水草间生活。大连南部海域在老铁山海域有分布，栖息密度 0.26 个 $/m^2$，生物量 0.003 g/m^2。

端足目（Amphipoda）

马耳他钩虾科（Melitidae）

主要营自由生活，海洋和淡水栖息，眼 melitoidean 型。触角强壮发育，第 2 柄节延长，腹边短小，腮足具性的两态，特别在雄性强壮。口器凸出；下唇内叶不同程度地发育，小颚的结构简单（第 1 小颚外板通常具有 7~9 齿刺）。腹部具有不同程度的背齿或刺，通常罕见光滑。第 3 尾肢强壮。尾节具叶，分叉，顶端具缺刻。

赫氏细身钩虾（*Maera-hirondellei*）

甲壳纲（Crustacea）；端足目（Amphipoda）；马耳他钩虾科（Melitidae）

标本采集站位　C033、C071

头部略短于前两胸节长度之和，额角短小，头侧叶宽圆，触角凹弯曲，无缺刻，眼呈卵圆或肾形。胸部节光滑。第 1、第 2 腹节后腹角呈小尖突；第 3 腹节后腹角向后延伸，末角突出，底缘具小刺；第 4、第 5 腹节后背缘具一短刚毛。尾节裂刻较深，几乎到基部，每叶末端分叉，具 2 刺，侧缘具 1 刺和 2 面羽状短毛（图 7-8）。

图 7-8　赫氏细身钩虾

习性和地理分布　本种栖息于暖水浅海。现有标本采自潮下带浅水的软、硬底质，来自黄海，标本密度可达 85 个/m²。黄海、东海、南海（中国近岸），苏伊士运河，地中海，大西洋均有分布。大连南部海域在老铁山海域有分布,栖息密度 0.78 个/m²,生物量 0.01 g/m²。

蜾蠃蜚科 (Corphiidae)

体躯光滑,背腹稍扁,尾部压低,常愈合。头部额角尖而短或缺乏,侧叶常突出延长。眼小或无。底节板很短,常分离或稍覆盖。第 4 底节板不后凹。触角常具性二态。第 1 触角细,副鞭有或无;第 2 触角一般长于第 1 触角,更发达。上唇具小缺刻;下唇具内叶。大颚臼齿发达,触须细,1~3 节。颚足内板小,外板大,触须强壮。腮足变化较多、大小不一,从简单、强壮到亚螯状均有存在。两腮足几乎等大或第 2 腮足较大,常具性的二态。步足基节通常为卵圆形,第 5 步足短,第 6、第 7 步足渐长。第 1、第 2 尾肢具刺;第 3 尾肢小,单枝或双枝。尾节短。

六齿拟钩虾 (*Gammaropisis sexdentata*)

甲壳纲 (Crustacea);端足目 (Amphipoda);蜾蠃蜚科 (Corphiidae)

标本采集站位 C012

体躯健壮,背部圆而平坦。头部相当于前两胸节长度之和,额角小,侧叶圆拱,稍突出,眼圆,较小,黑褐色。胸部节光滑,第 1 腹节后末角几乎呈直角,第 2、第 3 腹节后末角稍突出,第 4~6 腹后背缘各有 1 对背齿,每背齿前方有 1 组刚毛。尾节宽度大于长度,两侧抬高,突出,末端具长刚毛,中间凹(见图 7-9)。

习性和地理分布 本种栖息于温带海域浅水,分布于我国渤海、黄海、东海以及日本。大连南部海域在星海湾海域有分布,栖息密度 0.26 个/m²,生物量 0.003 g/m²。

图 7-9　六齿拟钩虾

内海拟钩虾（*Gammaropsis utinomii*）

甲壳纲（Crustacea）；端足目（Amphipoda）；蜾蠃蜚科（Corphi-idae）

标本采集站位　C121

体躯较强壮，背部有褐紫色斑纹。头部相当于前两胸节长度之和，额角小，侧叶突出，末端为尖角，眼较大，卵圆形，黑褐色。第2底节板大而深。尾节较厚，完全，宽度大于长度。后部中凹，两侧有小刺。触角较细弱，第1触角几乎为体长之半，柄部长于鞭，第1柄节粗而短，第2、第3柄节较细长，鞭为柄部两末端节长度之和，10~15节，副鞭为鞭长的1/3，3~6节。第2触角略短，鞭相当于柄部末端节的长度，9~10节。上唇较厚。前缘稍凹，有细短毛，上部具口上突。大颚切齿发达，臼齿圆锥形，具研磨面和边缘，触须发达，3节，第1节短，第2节较长，第3节卵圆形，具长刚毛。下唇内叶发达，外叶侧角较小。小颚内板小，外板顶端具9刺，触须2节，第2节发达。第2小颚内板内面具1排刚毛。颚足外板前缘具排齿状刺，触须4节，具有长刚毛。第1腮足细小，底节板后叶具小齿，腕节较低，掌节卵圆形，掌缘界线不清，指节爪状，通常附在掌节内侧面。雄体第2腮足发达，常在体躯之下两肢相互交叉，底节板大而深，基节较长，腕节与掌节稍长，棍棒形，长度几乎相等，掌缘无清楚界线，边直，无瘤状突，两缘具长刚毛丛，指节爪状，通常附在掌节内侧面。雌体第2腮足较细，掌节略短于腕节（图7-10）。

图7-10　内海拟钩虾

习性和地理分布　本种栖息于温带浅水，个体大，栖息范围广，为黄海北部较常见且数量较大的种类之一。我国渤海、黄海、东海以及日本濑户内海等有分布。大连南部海域在中山区海域有分布，栖息密度0.26个/m²，生物量0.01 g/m²。

异钩虾科（Anisogammaridaedae）

具眼，第4~6腹节具背刺或刚毛，偶尔第4腹节具刺带。第1~4底节板较深，邻接，第5~7底节板前叶深。触角强壮，附边短，第2触角常具船形感觉体。下唇内叶小，第1小颚外板具顶端齿刺。腮足强壮，亚螯状，第1腮足大于第2腮足，掌缘常具钝刺。第3尾肢分支不等或几乎相等，具刺或刚毛。尾节叶分离，顶端具刺，第2~7胸节腮具副叶。

中华原钩虾（*Eogammarus sinensis*）

甲壳纲（Crustacea）；端足目（Amphipoda）；异钩虾科（Anisogam-maridaedae）

标本采集站位 C019、C035、C071

体躯强壮，光滑，头侧叶平截，眼较小，黑色，圆形。第1腹节下缘前部具长刚毛，第2、第3腹节后腹角尖突，下缘具3~5个较大刺，第1~3腹节背后角具几根短毛。第4~6腹节背部各具2组短刺。第4节为3~5对，第5、第6节为3~4对。尾节裂刻达叶长的2/3，叶末端钝圆，每侧有2刺，叶背面具1刺。额角略短，第1触角第1柄节较强壮，第2、第3柄节依次减小，鞭为柄长的2倍，21~25节，具短刚毛，副鞭4节。第2触角为第1触角长度的4/5，鞭14节，几乎等于柄长，雄体者第2~10节具盔状感觉体（图7-11）。

图7-11 中华原钩虾

习性和地理分布 栖息于暖水潮间带海藻间或岩石下；分布于我国渤海和黄海。大连南部海域在老铁山海域有分布，栖息密度 1.04 个/m²，生物量 0.01 g/m²。

玻璃钩虾科（Hyalidae）

触角缺乏副鞭，大颚无触须，臼齿研磨型，第 3 尾肢基本不分支，但罕见的鲂状内肢存在。河北省海域发现有 2 属 2 种。

窄异跳钩虾（*Allorchestes angustus*）

甲壳纲（Crustacea）；端足目（Amphipoda）；玻璃钩虾科（Hyalidae）

标本采集站位 C035

第 1 触角柄短于鞭，1~3 柄节依次细短，鞭 11~13 节，每节末端具细短毛。第 2 触角较细长，为体长的 1/3~1/5；柄强壮，第 5 柄节较第 4 柄节略长；鞭长几乎等于柄，10~13 节。上唇前缘圆拱，具细短毛；大颚切齿和动颚片具小齿，刺排具 3 刺，臼齿研磨型，无触须，外叶锋圆，具细短刚毛，侧角短钝。小颚内板窄，末端具 2 羽状长刚毛；外板顶端具 6~9 齿刺；触须短小，1 节，末端具 1 短刚毛。第 2 小颚两叶较短，内板前缘具 1 强羽状刚毛。颚足内板顶端具 3 粗短刺，外板前缘具强刚毛，不具舌状刺；触须 4 节，第 2 节末端较宽，第 3、第 4 节几乎等长，第 4 节爪状。第 3、第 4 步足相似，简单，但第 4 步足底节板宽阔，后凹。第 5 至第 7 步足几乎同形。底节板逐渐窄小；基节宽阔，卵圆，后叶圆，前缘具小刺；座节短小，前缘具 2~3 小刺；长节、腕节、掌节具小刺；指节爪状。第 1、第 2 尾肢分支等于或略短于柄，柄具缘刺，两肢末端和内肢缘具刺。第 3 尾肢短小，单肢，分肢等于或稍短于柄，末端具细刚毛（图 7-12）。

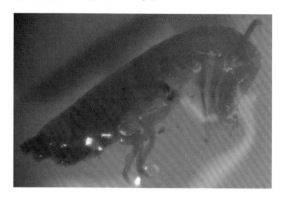

图 7-12　窄异跳钩虾

习性和地理分布　本种是我国北方海的常见种，常栖息于潮间带的海藻丛中。分布于我国渤海、黄海及日本海，阿拉斯加，加利福尼亚。大连南部海域在老铁山海域有分布，栖息密度 6.75 个/m²，生物量 0.48 g/m²。

施氏玻璃钩虾（*Hyale schmidti*）

甲壳纲（Crustacea）；端足目（Amphipoda）；玻璃钩虾科（Hyalidae）

标本采集站位　C019、C033、C035

本种眼较大，触角细长，第 1 触角短于第 2 触角。小颚内板顶端 2 刚毛，触须 1 节。第 1 鳃足掌节较窄长，第 2 鳃足腕节不突出于长节与掌节之间，掌节后背缘有小刺，掌缘与后缘几乎等长。第 3、第 4 步足正常，第 5~7 步足基节具突出后叶，掌节与腕节无背刺，指节光滑。第 1 尾肢柄具长的柄侧刺，第 3 尾肢分肢短于柄长，无内肢，外肢顶端有 1 丛小刺。尾节两叶为尖三角形。雄体两鳃足彼此相似，较窄长，长为宽的 2 倍，掌缘斜截，有 2 掌角刺。鳃之刚毛末端呈盘区状（图7-13）。

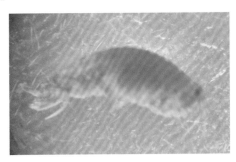

图 7-13 施氏玻璃钩虾

习性和地理分布 本种栖息于温暖潮间带海藻丛中。分布于我国渤海、黄海、南海（中国近岸），朝鲜、日本、葡萄牙、加纳、地中海、西非海岸。大连南部海域在老铁山海域有分布，栖息密度 1.04 个/m²，生物量 0.01 g/m²。

藻钩虾科（Ampithoidae）

第1触角的副鞭有或无，第1、第2两对触角几等长。鳃足亚螯状，第2对大于第1对。第3步足较短。第3尾肢分支短于柄，外肢具钩状末端刺，内肢顶端具刚毛。尾节短，具顶端尖突或钩。体躯光滑，无额角，第1触角通常大于第2触角，副鞭存在或缺乏，口器基本型，大颚触须大多存在，下唇外叶具缺刻或凹陷，底节板中等大，方形或圆形，第4底节板不后凹。鳃足通常强壮，亚螯状，第1鳃足通常小于第2鳃足，偶尔较大于第2鳃足。第3尾肢分支粗短，短于柄长，外肢具 1~2 钩状刺，尾节短而完全，肉质。本科为世界广泛分布的科，特别是在热带水域海藻中栖息者甚多，世界共有 12 属。

强壮藻钩虾 （*Ampithoe valida*）

甲壳纲 （Crustacea）；端足目 （Amphipoda）；藻钩虾科 （Ampithoidae）

标本采集站位　C033

体躯光滑，略侧扁。绿色或灰绿色，常具黑色斑点。头部前缘圆拱。额角不明显，例叶方形突出，眼卵圆。第 1～4 底节板较大，第 5 底节板前叶与第 4 底节板几乎同深。第 2～3 腹节后下角呈钝齿状。尾节圆三角形，末端两侧各具一角质齿，两侧边具几根刚毛。第 1 触角相当于体长的 3/5，第 1 柄节较粗壮，下缘具小刺，第 3 柄节短小；鞭细长，为柄长的 2 倍，46～50 节，无副鞭，其位置仅为小突触，具一刚毛。第 2 触角稍短，雄体者较粗壮，柄部末端 2 节几乎等长，鞭稍短于柄，27～28 节。上唇半圆形，中间具细刺毛。大颚臼齿发达，触须 2 节。小颚内板小，外板末端具 2 排刺，触须 2 节。第 2 小颚内板较窄；颚足触须 4 节。下唇具内叶。外叶内缺刻分为两叶，鳃足亚螯状，第 1 鳃足较细。底节板前端较宽，腕节三角形，掌节几乎与腕节等长，掌缘斜，掌角具一刺，指节爪状。第 2 鳃足大于第 1 鳃足，雄体者特别发达，腕节三角形，具短后叶，掌节长方形，掌缘平截。中间微拱或略凹，或掌缘斜，掌角突出；指节镰刀状。雄体第 2 鳃足掌节与第 1 鳃足相似，但略大。第 3、第 4 步足彼此相似，底节板前缘略拱，后缘稍凹，基节较宽，指节小。第 5 步足略小于第 6、第 7 步足。底节板具突出的前叶。基节宽阔卵圆。第 6、第 7 步足较长，基节窄卵圆形。尾肢双肢，第 1、第 2 尾肢柄部长于两分支，柄与分支都具有小刺。第 3 尾肢柄粗壮，有 3 刺，成 1 排，节的内侧末缘具一排刺；分肢短，内肢末端具刚毛、小刺和 3 小侧刺，外肢末端具 2 钩状刺，上弯，近基部具 1

小刺（图7-14）。

图7-14　强壮藻钩虾

习性和地理分布　本种栖息于温带和热带海域潮间带或潮下带海藻丛中，全年都可出现。个体较大。分布于我国渤海、黄海、东海、南海以及朝鲜、日本、美国、英国、北美太平洋。大连南部海域在老铁山海域有分布，栖息密度 0.26 个/m²，生物量 0.003 g/m²。

毛日藻钩虾（*Sunamphitoe-plumosa*）

甲壳纲（Crustacea）；端足目（Amphipoda）；藻钩虾科（Ampithoidae）

标本采集站位　C099

第1触角较细长；柄部有时刚毛较长，无副鞭；鞭长为23～25节。第2触角强壮，末端2节长度几乎相等；鞭短，8～11节，第1鞭节较长。上唇较厚，前缘微凹。大颚切齿发达，臼齿小，无触须。下唇具内叶，外叶有2突触，颚叶发达。小颚内板小，外板发达，触须2节。第2小颚内板较窄。颚足触须4节。第1至第5底节板较宽阔。第5底节有后叶。第3、第4步足简单，基节宽阔，卵圆形，长节具突出的前叶，指节简单。第5至第7步足相似。第6、第7步足基节卵圆形，长节、腕节较宽。第1、第2尾肢2支，分肢略短于柄，二者有小刺。第3尾肢2肢短于柄；外肢卵圆，末端具2钩状刺，背面具小齿；内肢卵圆，具刚毛（图7-15）。

图7-15　毛日藻钩虾

习性和地理分布　分布于中国近海（渤海、黄海、南海）及日本。大连南部海域在小平岛海域有分布，栖息密度0.26个/m²，生物量0.003 g/m²。

第八章　腕足动物门（Brachiopoda）

　　本门动物是古老类群，化石科多达 3 万种，现生种仅 300 多种，分属于 74 个属，全部海生。中国海记录 9 种。腕足动物为固着或埋栖生活的海产生物。体外具类似于软体动物的双壳类的两片壳。与软体动物不同的是，腕足动物的 2 个壳分别为背壳和腹壳。两壳开口的一端为前端，两壳接合的一端为后端，两壳可以借闭壳肌伸缩而开闭。其柔软的身体位于壳内近后部，身体的背腹面有背腹外套膜，外套膜之间有外套腔。消化道呈"U"字形弯曲，常缺肛门。具体腔和后肾。口的两侧有螺旋状触手冠，即腕。可分为无铰纲（Inarticulata）和具铰纲（Testicardines）。

具铰纲（Testicardines）

　　具铰纲动物体外有贝壳，贝壳由石灰质组成，腹壳比背壳大，在其后端壳顶部有一小孔，肉柄由此孔伸出固着在他物上。两壳片之间由铰合部互相铰合。外套膜边缘在后部愈合。触手冠内有软骨支持。肠闭塞，无肛门。

　　营固着生活，全部海产，我国山东及南极海域有分布。

终穴目（Telotremata）

酸浆贝科（Terebrateliidae）

贝壳呈圆形或卵圆形，背壳较小，腹壳较大，其后端壳顶部被柄部穿孔，铰合部有两个弯曲的铰合齿。背壳铰合部有一突起和一个细长的石灰质环。我国北部沿海常见。触手冠中支持的腕骨环较短，常见的有酸浆贝，用短柄固着在岩石上。

酸浆贝（*Terebratelia coreanica*）

具铰纲（Testicardines）；终穴目（Telotremata）；酸浆贝科（Terebrateliidae）

标本采集站位　C024、C026、C035、C067、C076

壳呈椭圆形，背腹壳皆略呈扇形，腹壳大而深，壳顶部突起呈鸟喙状，顶端有圆形的壳顶孔，肉柄由此孔伸出并固着于他物上；背壳较小而浅，中部隆起。两壳间有 2 个铰合齿相铰合，无韧带。壳表面光滑，具有很多生长线，前缘波浪状。壳多为红色或橙红色，也有紫红色，并杂有棕黄色条纹（图 8-1）。

图 8-1　酸浆贝

习性和地理分布 分布于我国渤海及黄海北部，也见于日本、朝鲜。生活在低潮线以下水深至 100 m 的近岸浅海，营固着生活，通常栖息在岩性海岸和有岩石露头的海底，或附着在软体动物贝壳上，众多个体常能互相附着聚生成葡萄状。大连南部海域在老铁山海域、龙王塘海域、小平岛海域和中山区海域等部分海域有分布，栖息密度 1.30 个/m²，生物量 0.39 g/m²。

第九章　苔藓动物门（Bryozoa）

苔藓动物又称群虫（Polyzoa），是营固着生活的水生体腔动物的一个门。这类动物系由许多个虫构成的群体。每一个虫由虫体和外骨骼组成。虫体主要由圆形或马蹄形触手冠和"U"字形消化管组成。因肛门位于口附近，但开口于触手冠之外，故苔藓动物又称外肛动物。外骨骼系角质、胶质或钙质，是个虫体壁主要构成部分。

苔藓动物（不包括化石类群）分为 3 个纲：被唇纲（Phylactelae-mata）、裸唇纲（Gymnolaemata）和狭唇纲（Stenostomata）。被唇纲苔藓虫均生活于淡水水域；裸唇纲苔藓虫除少数栉口目的种类生活于淡水、咸淡水环境外，绝大多数种类都分布于海洋；狭唇纲苔藓虫均系海产，但除少数环口目的种类外，均系化石类群。因此，生活于现代海洋中的苔藓虫分隶于 3 个目：环口目（Cyclostomata）、栉口目（Ctenosto-mida）、唇口目（Cheilostomata），而唇口目苔藓虫则是现生苔藓动物最繁盛的一族。环口类的室口（触手冠翻出体外的出口）皆呈圆形，栉口类的室口则有梳状构造，而唇口类的室口则被一枚几丁质的口盖掩被。

裸唇纲（Gymnolaemata）

裸唇纲是苔藓动物门中最大的纲，因其个虫虫体口部无褶状结构（口上突起）掩盖而得名。本纲动物形态微小，形成群体营固着生活。

绝大多数裸唇类群体属于被覆型，由连成一片的个虫直接附着在各种基质上。有些群体借助特殊附着机构附着在各种基质上，或与水螅、海藻等丛生在一起，如某些粗胞苔虫、草苔虫。有些种类整个群体虽趋于钙化，但群体基部有膜质的空个虫，借以固定于泥沙中。外形很像苔藓植物，又与水螅纲的水螅型群体有相似之处，唯其构造较为复杂。每个虫的主体都被包在 1 个虫房中，虫房或为角质，或为石灰质，各虫房均有特殊的壁与邻房隔开，互不相通。虫房之下还有 1 个小室，称卵室，是孵化的地方。个虫前段能够翻出或缩进虫房的部分叫翻吻。翻吻顶端有 1 个突起，称触手冠。触手冠呈圆形，上面着生很多触手，触手在基部相连，沿圆形触手冠基部盘排成单列，当其伸展时形成触手钟，用以捕获食物。口位于触手冠中央，无口上突起。触手上纤毛摆动，可收集食物入口。

本纲多数种类分布于海洋里，从潮间带至大洋底部都有，但通常栖息于水深 200 m 以内的陆架区。在潮间带，一般分布于海藻比较丰富的岩礁地区；在陆架区，多半附着在扇贝类、蛤类等表面具肋状构造的贝壳上，或与水螅、珊瑚类等合生在一起。在泥质海底或陆架斜坡以外的区域，种类大大减少；这是由于那里不仅缺少必要的附着基，而且淤泥环境也不利于摄食和呼吸。本纲少数种类能分泌磷酸盐，钻入贝壳营钻孔生活。主要以硅藻和原生动物为食。

唇口目 （Cheilostomata）

分胞苔虫科 （Celleporinidae）

群体被覆型，结核状、块状或直立分支状，皆由排列紧密、室口无定向的个虫组成。个虫前壁具边缘孔，表面常光滑。初生室口裂孔型

（始端具窦）。鸟头体有附属型和代位型两种。卵胞口上型，表面具排列规则的板状孔或分散的小孔。本科最特殊的特征是个虫生长方向多变，因此室口方位不定，群体内中央部分的个虫比较直立，而边缘部分的个虫比较平卧。本科在我国北方主要属为仿分胞苔虫属（Celleporine）。

锯吻仿分胞苔虫（*Celleporina serrirostrata*）

裸唇纲（Gymnolaemata）；唇口目（Cheilostomata）；分胞苔虫科（Celleporinidae）

标本采集站位　C061、C062、C101

群体被覆或被覆直立，粉红色或橘红色，偶尔黄褐色，呈中央十分隆起的圆丘状（通常呈粉红色）或不规则多层皮壳状（通常呈黄褐色），或者在宽度多变的皮壳状基部伸出不规则分歧的指状直立分枝（分枝状群体常呈艳丽的橘黄色或橘红色）。个虫略呈长方形或六角形，边缘个虫平卧在基质上，亚边缘个虫半直立生长，中央个虫几乎直立，分枝状群体个虫直立。初生室口类圆形，长大于宽，底边呈弧形，始端有"U"字形中央窦，中央窦末端两隅各有一三角形小齿突。口围薄而隆起，始端中央有一略呈半圆形的假窦，假窦末端两隅呈尖角形。前出芽产生的个虫室口周缘有1~2列类圆形斑孔，末端通常1列，两侧1~2列，始端有时无斑孔。前壁光滑，两侧和末端有1列边缘孔，孔间放射肋斜向末端，孔间放射肋因个虫几呈直立生长而消失。前出芽产生的个虫在其内壁上具许多不规则分歧的刺状突起。鸟头体位于鸟头体室的顶端，其半椭圆形的吻斜向末端前面，吻端细锯齿状，躯轴完整。由于中央个虫几呈直立生长，故口围鸟头体室深陷于相邻个虫之间，外观上形似前鸟头体。两口围鸟头体室近末端彼此不愈合（见图9-1）。

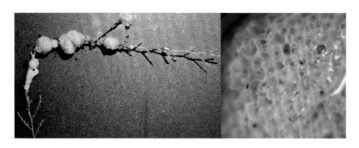

图 9-1　锯吻仿分胞苔虫

习性和地理分布　目前仅发现于中国北自黄海、渤海，南至南海北部沿岸水深 0~20 m 水域。大连南部海域在龙王塘海域、小平岛海域和星海湾海域等部分海域有分布，栖息密度 0.78 个/m²，生物量 0.12 g/m²。

隐槽苔虫科（Cryptosulidae）

群体被覆。个虫前壁属隐囊壁型，均匀穿孔。室口大，呈钟形，无口刺。通常无鸟头体。无卵胞，胚胎在体腔内孵育。壁孔室多孔型。

隐槽苔虫科现有 2 属，即隐槽苔虫属（Crptosla）和哈敏胞苔虫属（Hameria）。在中国海域目前未发现后者的代表，隐槽苔虫属的模式种阔口隐槽苔虫（Cpolallaia）是广布的冷水种，也是主要的世界海洋污损苔虫。

阔口隐槽苔虫（*Cryptosula pallasiana*）

裸唇纲（Gymnolaemata）；唇口目（Cheilostomata）；隐槽苔虫科（Cryptosulidae）

标本采集站位　C018

群体单层被覆生长，周围经常伴生有其他同种或异种群体，不同群体相互叠加生长的情况时有发生。颜色多变，有黄白色、橘黄色等多种。形状呈不规则扇物形或亚圆形。个虫卵圆形或类六角形，放射状排列，个虫间界线清晰。前壁略凸，钙化程度高，其上包括室口周边都布满不规则泡状斑块，泡底具小孔（室口始端中央边缘区无小孔）。室口钟形，长大于宽，始端两侧约 1/3 处向内略凹形成 2 个小齿突。口围发达隆起，末端略向外翻。无卵泡，无鸟头体。群体通常 3~6 cm^2（图 9-2）。

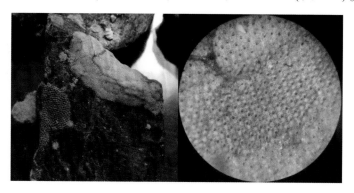

图 9-2　阔口隐槽苔虫

习性和地理分布　世界性广布种。我国黄海、渤海沿岸至连云港水域有分布。大连海域常见，常附着于潮间带岩石等固体附着基上，生物量极大。大连南部海域在老铁山海域等部分海域有分布，栖息密度 1.29 个/m^2，生物量 3.95 g/m^2。

栉口目（Ctenostomatida）

软苔虫科（Alcyonidiidae）

其群体柔软，通常较厚，肉质或膜质，被覆或形成直立叶状体，偶尔形成纤细的分支。自个虫前面末端有室口，通常群体内全部或部分自个虫紧密联系在一起，相邻个虫以壁孔相连，无多形现象。

迈氏软苔虫（*Alcyonidium mytili*）

裸唇纲（Gymnolaemata）；栉口目（Ctenostomatida）；软苔虫科（Alcyonidiidae）

标本采集站位 C055

群体被覆，在基质上形成厚而宽大的褐色或淡绿色单层薄膜，有时绕线绳等圆柱形附着基被覆盖生长形成单层中空管状体。自个虫通常成尖六角形，有时略呈长方形或多角形，前表平坦或略凸，个体发育早期透明，个体发育晚期半透明，在自个虫之间常嵌有发育不充分的不规则多角形自个虫，这些小型个虫有时具虫体，有时无虫体。室口亚端位，浮头状，亚圆形。虫体大，触手14~20根，食道长而细，直肠盲囊大，球形。胚胎粉红色，在口前腔内孵育（图9-3）。

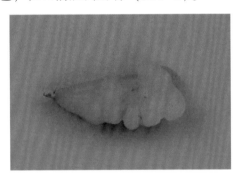

图9-3　迈氏软苔虫

习性和地理分布　为世界性广布种，我国黄海、渤海沿岸数量多。通常在秋冬季节大量繁殖，常附着于扇贝等双壳贝类壳表、柄海鞘体表等处。大连南部海域在老铁山海域有分布，栖息密度0.26个/m^2，生物量0.19 g/m^2。

第十章 棘皮动物门（Echinodermata）

棘皮动物约 5 700 种，中国海已记录 624 种。棘皮动物门的动物为后口动物，生活于海洋。体形多样，有球状、星状、圆筒状等。体多为辐射对称，而且以五辐射对称为主；具石灰质的内骨骼，在不同种类，内骨骼有的形成板状（海星）、颗粒状（海参），有的愈合成壳（海胆）；有水管系统和发达的真体腔。本门动物外形差别较大，海星和蛇尾呈星形，口面向下。管足沿腕部辐射排列；海胆多呈球形，口面也向下；海参则成筒状，口在前，肛门在后。棘皮动物绝大部分都是海产，一般营固着、爬行或穴居生活，许多种类是可食用的动物，经济价值很大。形态差异很大，分 5 个纲，为海百合纲（Crinoidea）、海星纲（Asteroidea）、海参纲（Holothuroidea）、海胆纲（Echinoidea）和蛇尾纲（Ophiuroiclea）。

海星纲（Asteroidea）

体为五角或扁平星状，腕和盘的界线多不明显。口在腹面中央，从口到各腕内各有一条敞开的步带沟，沟内有腕足。腕一般为 5 个，但也有 5 个以上的。管足发达。背面常有一个圆形的筛板。海星纲共分为 5 个目，本书涉及有棘目（Spinulosa）下的海燕科（Asterinidae），钳棘目（Forcipulata）下的海盘车科（Asteriidae）。

有棘目 (Spinulosa)

海燕科 (Asterinidae)

　　属海星纲，体扁平，呈五角星状，叉棘少而无柄或无叉棘，盘部隆起，边缘很薄，缘板小而不显著，背板呈网状或覆瓦状排列，具多棘突，常成堆排列。管足有吸盘，常为两行，背腹两面都有皮鳃。叉棘很小，腕短，腕5个或多于5个。

海燕 (*Asterina pectinifera*)

海星纲 (Asteroidea)；有棘目 (Spinulosa)；海燕科 (Asterinidae)

标本采集站位　C003

　　体呈五角星形，腕数普通为5个，也有具有4、6、7或8个腕的。最大者 R（体盘中心至腕末端长度，下同）可达110 mm，r（指体盘中心至两腕交界处长度，下同）约为60 mm。反口面隆起，边缘锐峭，口面很平。反口面骨板有两种：初级板大而隆起，呈新月形，其凹面弯向盘中心，各板上有小棘15~40个；在初级板间夹有小而呈圆形或椭圆形的次级板，各板上具颗粒状小棘5~15个。每个侧步带板有棘2行，一行在步带沟内，一行在板的口面，每行包括3~5行棘。腹侧板为不规则的多角形，呈覆瓦状排列，接近步带沟者最大，越靠近边缘越小，每板上有梯状排列的棘3~10个。口板大而明显，各具棘2行：一行在沟缘，数目是5~8个；一行在口面，数目是5~6个。筛板大，为圆形。普通是1个，但也有具2个或3个筛板的。生活时反口面为深蓝色和丹红色交错排列，但变异很大，从完全深蓝色到完全丹红色；口面为橘黄色（见图10-1）。

图 10-1　海燕

习性和地理分布　为我国北方沿岸浅海的习见种，日本、朝鲜和俄罗斯远东海域也有分布。生活在沿岸浅海的沙底、碎贝壳和岩礁底。有时栖息的密度相当大。1 m² 可达 7 个，繁殖季在 6—7 月。大连南部海域在中山区海域有分布，栖息密度 6.75 个/m²，生物量 0.48 g/m²。

钳棘目（Forcipulata）

海盘车科（Asteriidae）

身体呈辐射对称的星形。背腹略扁，反口面微隆起，口面较平。腕普通为 5 条，少数为 6 条，腕长 80~100 mm，基部宽，尖端狭。体盘直径为 45~60 mm，与腕间分界不清。反口面具有很多不规则的突起、短棘与叉棘。肛门位于反口面中央，不明显。筛板位于肛门一侧，两腕基部之间，呈圆形。口面中央有口，口周围有齿状颚片，从口向各腕中延伸一条步带沟，步带沟内有管足 4 行，管足末端具吸盘。腕的尖端有细长的触手和眼点，是海盘车的感觉器官。一般上缘板各具棘 3 个，下缘板各具棘 2 个，为本种主要特点。

身体颜色变化很大，反口面为紫色，淡红色和黄白色相间，一般腕的边缘颜色较淡。口面颜色为淡橘红色。海盘车生活于潮间带至较深的海水中，以贝类为食，是贝类养殖业的敌害。

栖于潮间带的泥沙质或砾石底部，以藻类茂盛处居多。我国大连、烟台、青岛等地沿海均有分布。

张氏滑海盘车（*Aphelasterias changfengyingi*）

海星纲（Asteroidea）；钳棘目（Forcipulata）；海盘车科（Asteriidae）

标本采集站位 C148

腕 5 个，基部压缩成浅沟状，R 约 140 mm，r 约 20 mm。体盘小而圆，在反口面和腕间具浅沟，腕狭长而尖，侧缘圆，略呈圆柱状。背板小，不规则，结合成密网状。各背板上具小棘 1~4 个。各小棘形状和高低一致，且有膜相连，其顶端带细刺和叉棘。筛板 1 个，半球形，位于反口面体盘的间辐处。上缘板各有 2~3 个横的棘，下缘板各有 3~4 个弯状棘。各棘上端宽而扁，具纵沟。口位于口面中央，与腕中央步沟相通，在步带沟缘的侧步带板上具长柄叉棘。生活时背面为红色、橘黄色或黄褐色，腕末端为浅黄色（见图 10-2）。

习性和地理分布　一般栖息于潮下带，常见于砾石下或泥沙质的海底。我国大连沿海均有分布。大连南部海域在小平岛海域有分布，栖息密度 0.26 个/m^2，生物量 0.09 g/m^2。

蛇尾纲（Ophiuroidea）

蛇尾纲是棘皮动物门的一个纲，是现存棘皮动物中最大的一个纲，

图 10-2　张氏滑海盘车

其下包括 220 个属和 2 000 个种及 200 个化石种。体盘和腕之间有明显的界线。体盘小。腕或细长不分支。无步带沟，缺肛门。管足较退化。该纲分 4 个目：始蛇尾目（Stenurida）、开沟蛇尾目（Oegophiurida）、蛛蛇尾目（Phrynophiurida）和真蛇尾目（Ophiurida）。

　　体多为扁平星状。盘圆或带五角形，腕特别长和大，与盘的界线明显，一般 5 个。口在腹面中央，周围各间辐部有 1 个大型口盾，其中 1 个具有多孔细胞，即筛板。腕的长短常随种的不同而异，和盘的直径相比都比较长，腕有的平滑，有的显出有棘强度的变化。腕细、平滑或呈棘状，且和盘的界线明显。盘的背面可能呈平滑的皮革状，或盖有颗粒或小棘。或盖有许多的小板或鳞片。蛇尾纲动物在棘皮动物门各纲中总数最多，分布在世界各海洋、各纬度，栖息于各种类型的底质，垂直分布从潮间带到 6 000 余米的深海。

真蛇尾目（Ophiurida）

辐蛇尾科（Ophiactidea）

体型小，盘的直径很少有超过 5 mm，腕长约 20 mm。盘圆，上覆大而不等和排列比较整齐的鳞片，其中中背板和辐板常较明显。各间辐部有 3 行鳞片，中央一行形状较大。辐楯大，为梨子形，被 2 个大鳞片所分隔。盘边缘和腹面间辐部的鳞片上有短而强壮的小棘。

口楯小，近乎三角形。筛板为圆形，常比其他口楯大。侧口板略呈三角形，彼此不相接，但和邻近的侧口板相接于第 1 和第 2 腹腕板间。口棘 1 个，为薄片形；颚顶端还有 1 个齿下口棘。齿 6 个，末端成截断形。背腕板为扇形，两侧缘平直，外缘弯出，前后相接。第一腹腕板很小，为三角形；以后的腹腕板都呈扇形，前后相接。侧腕板大，上下均不相接。腕棘短而钝，在腕基部者为 5 个，中部者为 4 个，末端者为 3 个，以腹面第 1 棘最短小。触手鳞 1 个，呈圆片状。酒精标本颜色变化很大，背面为灰绿、绿褐、黄褐或赤褐色；腕上常有黑褐色横纹；腹面为淡灰或黄灰色。常行裂体法繁殖，故常能遇到具半个体盘的个体。盘上复有圆形或椭圆形小鳞片，上生稀疏的小棘，盘边缘的小棘较多。辐楯大，近乎半月形，中间被 3~4 个小鳞片所分隔，仅外端相接。口楯近乎圆形。侧口板大，内端相接，并在辐侧和邻近的侧口板也相接。口棘 2 个，为薄片状。齿为方形。腹面间辐部大半裸出，仅边缘上有少数鳞片和小棘。背腕板大，前后相接，外缘凸出成圆形；表面具参数细小的颗粒状突起。腹腕板长宽大致相等，外缘圆。侧腕板上、下都不相接。

紫蛇尾 (*Ophiopholis mirabilis*)

蛇尾纲（Ophiuroidea）；真蛇尾目（Ophiurida）；辐蛇尾科（Ophiactidea）

标本采集站位 C004、C005、C010、C018、C055、C065、C146

盘的直径为 4~16 mm，一般约为 10 mm。腕长约为盘直径的 4 倍。

盘圆，间辐部膨大；背面覆有大小不同的鳞片。各鳞片的周围有许多颗粒状突起；盘中央和间辐部常散生多数钝形短棘。辐楯大而狭长，中间被 2~3 个大型鳞片所分隔。腹面间辐部也有小鳞片和小棘。口楯小，为菱形，宽大于长，侧口板稍呈长方形，彼此相接。口棘 3 个，薄而圆；在颚顶还有 1 个齿下口棘。齿 8 个，上下垂直呈单行排列。背腕板很特别，其两侧各有 1 个副板，外缘还围有 14~18 个小鳞片。靠近腕基部的几个背腕板小而不发达。腹腕板为长方形，表面有细颗粒，其内缘外缘向内凹，中间有皮肤分开。侧腕板小，上、下皆不相接。腕棘 5~6 个，侧而钝，背面 1 个最长。腕中部腹面腕棘的末端带有玻璃样透明的小沟。触手鳞 1 个，为椭圆形。生活时背面为紫褐色、褐色或浅褐色，盘上常有斑纹，腕上常有赤褐色或黄褐色的横斑（图 10-3）。

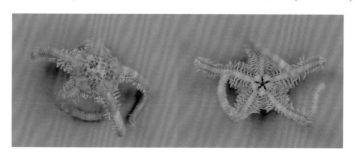

图 10-3　紫蛇尾

习性和地理分布　一般生活在水深 30~50 m、水温较低、盐度较高的水域，对底质条件要求不严格。泥底、沙底和具有硬石的泥沙底和软泥底都有。它们常成群地生活在一起。鄂霍次克海南部，日本和朝鲜沿海均有分布。我国大连南部海域在老铁山海域、小平岛海域、星海湾海域和中山区海域等部分海域有分布，栖息密度 10.00 个/m²，生物量 5.48 g/m²。

真蛇尾科（Ophiuridae）

盘包围腕的基部，盘上、下均盖有裸出的鳞片，极少具有分散的棘或疣，鳞片有时被厚皮掩盖，初级板常明显，辐楯也明显，其外端常有腕栉，并和腹面生殖裂口边缘的疣连续。口盾和侧口板发达。齿狭，尖或圆，通常有单个的齿下口棘和连续成行、尖或圆的口棘；第 2 口触手孔开口于口裂之外，或插入口裂之内。腕通常短或适度长，基部宽，逐渐变细，横切面圆筒状或长方形，常略扁平，但绝不会呈念珠状。背、腹腕板常小，若有连续，也仅限于基部。侧腕板大，单独把腕包围。腕棘常小，紧贴腕侧，但是，上面者略长，甚至呈针状，且张开。触手控在盘内者大，具多个疣状或鳞片状触手鳞，或在腕上甚至缺乏，或者全部触手鳞都小，仅有 2 个板圆形触手鳞。腕有很发达的腕板。腕只能做水平方向的运动。腕在口面嵌入盘部，并和口角相连续，在盘口面、腕的腹腕板、侧腕板、腕棘、触手和触手鳞仍继续保存，但背棘板则缺。腕基部两侧可以看到一个称为生殖裂口的裂缝，它是体内生殖囊的出口。生殖口一般都是每侧各有 1 个。盘口面的两腕基部有三角形的间辐区，通常居于与盘口面相同的结构。口被 5 个位于辐部的楔形颚所包围，颚形成口架，与海星的侧步带型口架相当。

金氏真蛇尾（*Ophiura kinbergi*）

蛇尾纲（Ophiuroidea）；真蛇尾目（Ophiurida）；真蛇尾科（Ophiuridae）

标本采集站位 C025、C026、C027、C028、C029、C031、C032、C040、C041、C042、C043、C045、C056、C057、C058、C059、C060、C061、C062、C063、C064、C065、C066、C067、C071、C072、C073、

C074、C076、C077、C078、C080、C081、C082、C083、C084、C088、C092、C093、C094、C096、C097、C098、C099、C100、C101、C102、C107、C109、C110、C111、C112、C113、C116、C117、C118、C120、C121、C122、C123、C127、C128、C131、C133、C134、C135、C136、C137、C138、C139、C140、C141、C142、C143、C144、C145、C146、C147

其盘直径一般为 6~7 mm，腕长约为盘直径的 2.5 倍，盘上盖有许多大小不等的鳞片，其中背板、辐板和基板明显。腕基部具有腕栉，栉棘数目为 8~12 个。反口面被有圆形光滑和大小不等的鳞片。辐楯大，梨子状，被两个大的和几个小的鳞片所分隔。腕栉明显，栉棘细长，从上面可看到 8~12 个，腹面间辐部有许多半圆形小鳞片。口楯大，五角形，长大于宽，侧口板狭长，口棘 3~4 个，背腕板发达，腕基部背腕板宽，外缘稍弯，彼此相接。腕中部和末端背腕板为四角形和多角形。侧腕板稍隆起；腹腕板小，三角形，外缘弯出，前后不相接，腕基部几个腹腕板前方各有 1 个圆形凹陷，腕棘 3 个，细长。触手鳞薄而圆。生活时背面为黄褐色，常有黑褐色斑纹，腹面白色（见图 10-4）。

习性和地理分布　分布于红海向东到西太平洋，包括夏威夷群岛，遍布于我国从渤海到南海各个海域。生活于潮间带到数百米深的海底。有时构成海底底栖动物的优势种。大连南部海域在老铁山海域、龙王塘海域、小平岛海域、星海湾海域和中山区海域等部分海域有分布，栖息密度 72.77 个/m²，生物量 23.36 g/m²。

司氏盖蛇尾（*Stegophiura sladeni*）

蛇尾纲（Ophiuroidea）；真蛇尾目（Ophiurida）；真蛇尾科（Ophiuridae）

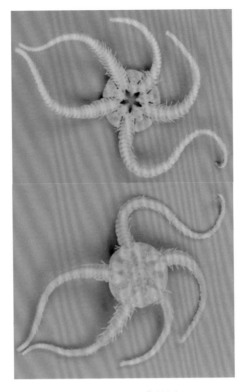

图 10-4 金氏真蛇尾

标本采集站位 C050、C127

盘径 10~15 mm，腕较短，为盘直径的 2~2.5 倍。盘很厚，上覆大形板状厚鳞片。口楯大，卵圆形，几乎占间辐部的大部。侧口板近三角形。口棘 3~4 个，呈方形，颚顶有 1 对较长的齿下口棘，顶端 1 个最强大。腕很短，基部特别高，向末端急剧变细。背腕板长为六角形，彼此相接。腕栉和生殖棘都发达，从上面可看到 22~24 个栉棘。腕基部的腹腕板为长方形，中央隆起成脊状；其余的为方形，没有隆脊。侧腕板高而发达，上、下都不相接。触手鳞数目较多。腕棘有 2 种：首级棘 3 个，1 个在上，2 个在下，分开很远；次级棘一般是 12 个，紧密地排列成栉状,平铺于上、下首级棘之间。生活时为鲜艳的橘红色,酒精标本为白色或浅黄色(图10-5)。

图 10-5 司氏盖蛇尾

习性和地理分布 我国仅发现于黄海、长岛及东海北部海域。在日本北海道至九州也有分布,生活在潮下带,水深 11~84 m 泥沙及软泥质的海底。大连南部海域在龙王塘海域和中山区海域等部分海域有分布,栖息密度 10.52 个/m²,生物量 0.93 g/m²。

阳遂足科 (Amphiuridae)

该科动物的颚顶各有明显成对的齿下口棘。颚旁各有 1~3 个与齿下口棘相连或不相连的口棘。口棘数目和排列是阳遂足科分类的重要依据。该科动物通常钻在沙泥底下,行底内生活。洞深一般为 10 cm。腕多数细长,末梢露在外边捕捉食物,包括有机物的碎屑、小蠕虫、小幼贝、小甲壳类等。分布广,数量多,常成群栖息,有时布满海底,移动能力很差。盘上有明显发达的鳞片。常有初级板,即有一个中背板和 5 个辐板。偶尔盖有厚皮,皮上生有小棘,或鳞片减少,仅包围辐楯有数行鳞片,其余的部位仅有皮膜,这样的种类辐楯为棒形。偶尔还有盘鳞片带棘的种类。齿通常为宽的长方形,齿下有 1 对对称的齿下口棘,颚的两侧各有 1~3 个表面口棘，深部有 1~2 个口触手鳞。腕通常适度钝，长度变化很大，通常小于盘直径的 8 倍；腕板多发达。腕棘不透明，多数逐渐变细，表面光滑，但有时腹面的腕棘末端呈钩状或双叉形。触手鳞 1 个或 2 个。体扁平星状，盘略五角形，直径为 7~11 mm，腕一般 5 个，长为 100~180 mm，或更长些。盘的间辐部略凹入，背面覆有裸出的皮肤，皮内有圆形穿孔板骨片。辐楯长大，梨形，外端与腕基部相接，内端及侧面围有数行椭圆形小鳞片。口楯小，略呈五角状，侧口板呈三角形，彼此不相接。颚细长，口棘 2 个，形成成对的齿下口棘。背腕板为卵圆形，彼此相接。腹腕第 1 块小，第 2~3 块近方形，以后渐宽。腕棘而钝，4~8 个。触手孔大。

日本倍棘蛇尾 （*Amphioplus japonicus*）

蛇尾纲（Ophiuroidea）；真蛇尾目（Ophiurida）；阳遂足科（Amphiuridae）

标本采集站位 C002、C009、C019、C020、C055、C071、C076

盘直径 5~7 mm，腕长 25~35 mm。盘形圆，间辐部向外扩张。盘背面密盖细小鳞片，沿着盘缘常有一行四方形的边缘鳞片。腹面最上一行和边缘鳞片相交的鳞片常突出，形成盘的栅栏。辐楯为半月形，长为宽的 2 倍，彼此几乎完全相接。盘腹面间辐部鳞片较背面者小。生殖裂口明显，从口楯延伸至盘缘。侧腕板在背面充分隔开，在腹面几乎相接。背腕板宽大，略呈椭圆形，占据腕背面大部分；其内缘凸，外缘稍向外弯。第一腹腕板四角形，其余为五角形，彼此略相接。腕棘 3 个，等长，其长度约等于一个腕节。触手鳞 2 个，薄而平，辐侧的一个常小于间辐侧的一个。生活时灰褐色，腕背面有灰白色条斑，腹面表层灰白色半透明，内部结构颜色略显。酒精标本为黄白色（见图 10-6）。

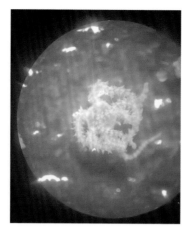

图 10-6　日本倍棘蛇尾

习性和地理分布　其地理分布为日本鹿儿岛湾。我国仅见于黄海、渤海和东海北部。动物生活于水深 10～60 m 的沙底。栖息于潮间带下带或者浅海。大连南部海域在老铁山海域、龙王塘海域和星海湾海域等部分海域有分布，栖息密度 3.12 个/m²，生物量 0.61 g/m²。

海参纲（Holothuroidea）

本纲体型为蠕虫状，两侧对称；口和肛门分别开口于前、后端。管足（Tube-feet）排列为 5 个双行。触手分别为楯状、枝状、羽状和指状。体壁厚，结缔组织特别发达，可加工后食用。皮肤内埋有无数的石灰质骨片，形状因种而异，是分类的依据。主要有桌形、纽扣形、杆状形、穿孔板、花纹样体、轮形体、锚形体、笼状体、"C" 形体和 "X" 形体。石灰体是海参的特有器官，由围绕食道的 5 个辐片和 3 个间辐片组成。无腕，口为一圈触手包围。内骨骼为极小的骨片，形状规则；体柔软，无棘刺。背侧管足退化成肉刺。具水肺或称呼吸树，有呼吸与排泄功能。

现存约 1 100 种，均营海中底栖生活。分指手目（Dactylochirotida）、枝手目（Dendrochirotida）、楯手目（Aspidochirotida）、弹足目（Elasipodida）、芋参目（Elasipodida）和无管足目（Apodida）。药用动物在辽宁省分布有楯手目（Aspidochirotida）、芋参目（Elasipodida）、无管足目（Apodida），共 3 种。

楯手目（Aspidochirotida）

刺参科（Stichopodidae）

中等大到很大，长度可达 800 mm；体壁厚而柔软，厚度 3~5 mm。体呈圆筒状或方柱状。管足密集，在腹面排列成 3 纵带；疣足很发达，时常形成大的肉刺状。生殖腺 2 束，位于肠系膜两侧。触手有坛囊；呼吸树通过异网和消化道相连；石管常和体壁相连；无居维氏器。骨片多数属为桌形体，此外为纤细花纹样体或 "C" 形体，有两属骨片减为颗粒体或杆状体，扣状体常缺。

仿刺参（*Apostichopus japonicus*）

海参纲（Holothuroidea）；楯手目（Aspidochirotida）；刺参科（Stichopodidae）

标本采集站位 C148

体呈圆筒状，背面隆起，上有 4~6 行大小不等，排列不规则的圆锥形疣足（肉刺）。腹面平坦，管足密集，排列成不很规则的三纵带。口偏于腹面，具触手 20 个，肛门偏于背面，呼吸树发达，但无居维氏器。体壁骨片为桌形体，但它的大小和形状常随年龄不同而变化；幼小个体的桌形体塔部高，有 4 个立柱和 1~3 个横梁。底盘较大，边缘平滑；成年个体桌形退化，塔部变低或消失，变成不规则的穿孔板。体色变化很大，一般背面为黄褐色或栗子褐色，腹面为浅黄褐色或赤褐色；此外还有绿色、赤褐色、黎褐色、灰白和纯白色的（图 10-7）。

图 10-7 仿刺参

习性和地理分布 生活在波流静稳、海草繁茂和无淡水注入的港湾内，底质为岩礁或硬底，水深一般为 3~5 m，少数可达 10 多米。幼小个体多生活在潮间带。大叶藻丛生的细泥沙底也常有发现。产卵季节在 5 月底到 7 月初，随地区水温变化而略有变化。见于辽宁省大连、旅顺和海洋岛，河北北戴河，山东半岛的青岛、胶南、日照，江苏连云港；主要分布于北太平洋区，包括俄罗斯的萨哈林岛（库页岛）、符拉迪沃斯托克（海参崴），日本北海道、横滨和九州，朝鲜半岛沿岸。大连南部海域本次调查中在小平岛海域有采集，栖息密度 0.26 个/m^2，生物量 0.06 g/m^2。

芋参目（Elasipodida）

尻参科（Caudinidae）

属棘皮动物门、海参纲。体形呈圆筒状，口面和反口面延长；口在身体前端，肛门在身体后端；背面和腹面不同。口周围有触手，内骨骼不发达，形成微小骨片，埋没于体壁之内。生殖腺不呈辐射对称，开口于身体前端背面的一个间步带。管足和疣足缺，或仅在肛门有小疣足；体形短而钝，尾部常不明显。有肛门疣、触手坛囊和呼吸树。触手 15个，有 1 对或 2 对侧指，但无端指。骨片为桌形体，或小的皿状体，或不规则杆状体，无磷酸盐体，但某些种体壁有色斑。

海棒槌（*Paracaudina chilensis*）

海参纲（Holothuroidea）；芋参目（Elasipodida）；尻参科（Caudinidae）

标本采集站位　C026

体为纺锤形，后端逐渐延长成尾状。体壁薄而光滑，略透明，常能从体外透见其纵肌和内脏。触手 15 个，各有 2 对侧指，上端一对侧指较大。肛门周围有 5 组小疣，每组包括小疣 3 个。波里氏囊和石管均为1 个。呼吸树发达；石灰环各辐板有短而分叉的后延部；各间辐板的前端有一尖的突出部。体壁骨片多数为四角形的"十"字形皿状体，它的穿孔比较规则，皿状体周缘有短而钝圆的突起，凹面或开口面有规则或不规则的"十"字形横梁，穿孔小（见图 10-8）。

习性和地理分布　我国北方沿岸常见种，福建厦门和广东湛江沿岸也有发现。生活于低潮线附近，在沙内穴居。在沙中潜行很快，采集时

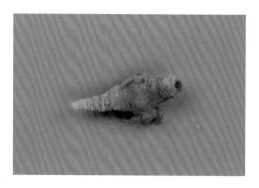

图 10-8　海棒槌

易断。繁殖季节在 5 月中旬和 6 月中旬。大连南部海域在小平岛海域有分布，栖息密度 0.26 个/m²，生物量 0.15 g/m²。

枝手目（Dendrochirotida）

沙鸡子科（Phyllophoridae）

触手 10~30 个；体呈纺锤形或 "U" 字形；管足遍布全体，或限于步带；石灰环复杂。辐板有很发达的分叉后延部，后延部或整个辐板和间隔板由许多像马赛克的小板镶嵌而成。骨片多为桌形体，少数属为有瘤穿孔板或杆状体。

正环沙鸡子（*Phyllophorus ordinata*）

海参纲（Holothurioidea）；枝手目（Dendrochirotida）；沙鸡子科（Phyllophoridae）

标本采集站位　C009

大形种，体呈圆柱状，长约 100 mm，宽约 18 mm，两端较细，并且弯向背面。体壁薄，有褶皱，且较粗涩。管足密生在全体的表面，稍强韧，收缩性很小，腹面的比背面的略发达。触手20个，排列为内外两圈，外圈的10个较大，位置对着间辐部，内圈的10个较小，位置对着辐部，排列不很规则。无触手囊。石灰环的形状很规则。各辐片的前端有一个凹形缺刻和4个钝齿，它的后端有一个叉状的延长部，每叉由4节合成。石灰环的间辐片为不规则的五角形，向前的角较长而尖锐。肛门周围有5组小疣。皮肤内的骨片为密集的桌形体，它的底盘较大，周缘呈波状，有一个中央大孔和8~16个边缘孔；它的塔部由4个立柱合成，顶端有10余个小齿。翻颚部皮肤内有花纹样体（图10-9）。生活时体色变化较大，并且深浅不均匀，从黄褐、灰褐到褐色；触手呈灰褐色；管足白色；吸盘为黄褐色。

图10-9　正环沙鸡子

习性和地理分布　动物常潜伏在低潮线附近的沙泥内。大连南部海域在龙王塘海域有分布，栖息密度0.26个/m^2，生物量7.03 g/m^2。

长尾异赛瓜参（*Allothyone longicauda*）

海参纲（Holothurioidea）；枝手目（Dendrochirotida）；沙鸡子科（Phyllophoridae）

标本采集站位　C114

体呈桶状，有明显的尾部，长约 30 mm，很像芋参。管足沿身体的 5 个步带排列，背面步带各有管足 2 行，腹面带有管足 3 行。各间步带完全裸出。枝形触手 10 个。石灰环复杂，辐板有长的分叉后延部，整个石灰环常由许多马赛克小板镶嵌构成。体壁柔软，骨片为桌形体（图 10-10）。

图 10-10　长尾异赛瓜参

习性和地理分布　生活在水深 47.5 m 的砂质泥底，分布于我国黄海北部及日本。大连南部海域在龙王塘海域有分布，栖息密度 0.13 个/m²，生物量 0.09 g/m²。

第十一章 脊索动物门（Chordata）

脊索动物门是动物界最高等的一个门，与人类关系最密切的动物类群。现存约 4 万种，形态、内部结构和生活方式都存在极其明显的差异。但其个体发育的某一时期或整个生活史中，都具有如下三个共同特点，也是脊索动物与无脊椎动物区别的 3 个基本特征：①脊索；②背神经管；③咽鳃裂。本门分为 3 个亚门：尾索动物亚门（Urochordata）、头索动物亚门（Cephalochordata）和脊椎动物亚门（Vertebrata）。

海鞘纲（Ascidiacea）

营固着生活，脊索仅蝌蚪幼虫期存在，成体无尾部，咽部有许多鳃孔。围鳃腔包围咽部。分单海鞘和复海鞘，单海鞘单个固着生活，个体较大；复海鞘由无性出芽生殖形成群体，各个体埋没在共同的被囊中，口孔分别开口，排泄孔共同开口于中间。种数多。

侧性目（Pieurngona）

皮海鞘科（Molgulidae）

单体，入水孔具 6 个叶瓣，出水孔具 4 个叶瓣，触指树状，鳃囊具鳃褶 6~7 个，鳃孔螺旋状。

乳突皮海鞘（*Molgula-mahattensis*）

海鞘纲（Ascidiacea）；侧性目（Pieurngona）；皮海鞘科（Molguli-dae）

标本采集站位　C074

体呈圆形或椭圆形，高 20~25 mm，也有的个体高 35 mm 以上。略侧扁，出入水管明显，不同个体长度差异较大，入水孔有 6 个瓣，出水孔具 4 个瓣。被囊较薄，厚 1 mm 以下。体表面较光滑，有的粘有细砂粒。浅黄褐色或白色。肌膜薄，肌肉大部分分布于水管基部，外套膜薄，半透明，可清晰看到消化道。鳃囊大，每侧具 6 个鳃褶，鳃孔纹状，触指树枝状。雌雄同体，左右各有 1 个生殖腺，卵巢位于外侧，精巢在内侧，白色（图 11-1）。

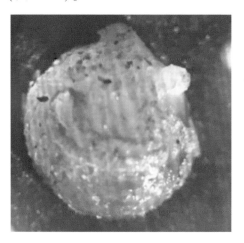

图 11-1　乳突皮海鞘

习性和地理分布　广泛分布于中国沿海各海域，大连常见，一般栖息于潮间带或浅海海域，附着于石块、贝壳及人工设施上，也是养殖网笼的常见污损生物之一。大连南部海域在老铁山海域有分布，栖息密度 0.26 个/m^2，生物量 0.02 g/m^2。

硬骨鱼纲 （Osteichthyes）

内骨骼或多或少为硬骨性。有项骨、额骨、犁骨和副蝶骨。内鼻孔或有或无。上颌主要由前颌骨和上颌骨组成，下颌主要由齿骨、关节骨和隅骨组成。有鳃盖，每侧有 1 外鳃孔。无泄殖腔。体被硬鳞、骨鳞或无鳞。无鳍脚。通常有鳔。

鲈形目 （Perciformes）

锦鳚科 （Pholidae）

体细长，甚侧扁。被小圆鳞。头部无皮质突起。口小，前位。上下颌具齿；颚骨及犁骨齿或有或无。鳃孔不伸向前下方。左右鳃盖膜相连。背鳍 1 个，很长，由鳍棘组成。臀鳍亦长，具小鳍棘 1~2 个或无，鳍条 35~50。胸鳍短小、退化或消失。腹鳍喉位，甚小，具一鳍棘及一鳍条，或消失。尾鳍短圆，常与背鳍及臀鳍相连。尾柄不明显。侧线无或不完全。躯干脊椎骨横突均已合成脉弧。无幽门盲囊。

云鳚 （*Enedrias nebulosus*）

硬骨鱼纲（Osteichthyes）；鲈形目（Perciformes）；锦鳚科（Pholidae）

标本采集站位　C101

体低面延长，侧扁，似带状。头短小，头长约与体高相等，侧扁，无棘和皮质突起。吻短，长约与眼径相等。眼小，上侧位。鼻孔小，具管状突起。口小，前位，口裂向上方倾斜，上颌略长于下颌。犁骨具细齿。鳃孔大，左右鳃盖膜相连，具假鳃。头、体均被小圆鳞，无侧线；背鳍1个，由鳍棘组成，始于胸鳍基后上方，后端与尾鳍相连。臀鳍亦低而长，约始于背鳍第40鳍棘下方，后端亦与尾鳍相连；胸鳍短而圆，下侧位，其长不及头长的1/2；腹鳍退化，短小，喉位；尾鳍短而圆。体色常随环境而异，一般呈棕褐色，腹部色淡而略黄。背部和背鳍鳍膜顶端间约有20条白色垂直细横纹，将背缘和背鳍间隔成块状斑；体侧斑纹呈云状；眼间隔有1深褐色横纹，眼后项部有"V"字形灰白色纹。胸鳍、尾鳍淡褐色，臀鳍灰白色（图12-1）。

图 12-1　云鳚

为常年生活于近岸礁石、海藻和石砾间的小鱼。分布范围很窄，不常见。其幼鱼也称"面条鱼"，当幼鱼出现色素后称"萝卜丝"。常和方氏云鳚幼鱼同时出现于大连近海，但数量很少。成鱼不集群，体长一般100 mm左右。无食用价值。

　　习性和地理分布　分布于我国辽宁大连黑石礁、金县、长海县及黄海、渤海。国外见于朝鲜、日本。大连南部海域在星海湾海域有分布，栖息密度 0.26 个/m^2，生物量 1.23 g/m^2。

参考书目

曹善茂，等，2017. 大连近海无脊椎动物［M］. 沈阳：辽宁科学技术出版社.

高松，等，2015. 辽宁中药志·动物、矿物、海洋类［M］. 沈阳：辽宁科学技术出版社.

郭亦寿，1959. 生物学基本知识［M］. 北京：人民卫生出版社.

郝月，2015. 奇异拟纽虫（*Paranemertes peregrina* Coe，1901）及其近似种的 DNA 分类［D］. 青岛：中国海洋大学.

黄宗国，等，2012. 中国海洋生物图集·第七册［M］. 北京：海洋出版社.

姜在阶，等，1986. 烟台海滨无脊椎动物实习手册［M］. 北京：北京师范大学出版社.

李军德，等，2013. 中国药用动物志 中［M］. 第 2 版. 福州：福建科学技术出版社.

李秀霞，等，2014. 生物学实践指导［M］. 沈阳：东北大学出版社.

梁象秋，等，1996. 水生生物学形态和分类［M］. 北京：中国农业出版社.

廖玉麟，等，1997. 中国动物志 棘皮动物门 海参纲［M］. 北京：科学出版社.

廖玉麟，等，2004. 中国动物志 无脊椎动物 第四十卷 棘皮动物门 蛇尾纲［M］. 北京：科学出版社.

刘蝉馨，等，1987. 辽宁动物志 鱼类［M］. 沈阳：辽宁科学技术出版社.

刘赐贵，等，2012. 中国海洋物种和图集［M］. 北京：海洋出版社.

刘凌云，等，2009. 普通动物学［M］. 北京：高等教育出版社.

刘瑞玉，1955. 中国北部的经济虾类［M］. 北京：科学出版社.

刘瑞玉，等，2003. 中国动物志 无脊椎动物 第四十三卷 甲壳动物亚门 端足目 钩虾亚目（二）［M］. 北京：科学出版社.

刘锡兴，等，2001. 中国海洋污损苔虫生物学［M］. 北京：科学出版社.

裴祖南，等，1998. 中国动物志 腔肠动物门 海葵目［M］. 北京：科学出版社.

齐钟彦，等，1962. 中国经济动物志 海产软体动物 ［M］. 北京：科学出版社.

齐钟彦，等，1989. 黄渤海的软体动物 ［M］. 北京：农业出版社.

任先秋，等，2006. 中国动物志 无脊椎动物 第四十二卷 ［M］. 北京：科学出版社.

沈嘉瑞，1964. 中国动物图谱 甲壳动物 第 2 册 ［M］. 北京：科学出版社.

宋大祥，等，2009. 河北动物志 甲壳类 ［M］. 石家庄：河北科学技术出版社.

宋鹏东，等，1989. 大连沿海无脊椎动物实习指导 ［M］. 北京：高等教育出版社.

孙成渤，等，2004. 水生生物学 ［M］. 北京：中国农业出版社.

孙瑞平，等，2004. 中国动物志 无脊椎动物 第三十三卷 ［M］. 北京：科学出版社.

王跃云，李新正，2016. 中国海缩头竹节虫（*Maldane sarsi Malmgren*，1865）的重新描述 ［J］. 海洋学研究，34（4）：72-77.

魏崇德，等，1991. 浙江动物志 甲壳类 ［M］. 杭州：浙江科学技术出版社.

吴宝铃，等，1997. 中国动物志 环节动物门 多毛纲 I 叶须虫目 ［M］. 北京：科学出版社.

肖宁，等，2015. 黄渤海的棘皮动物 ［M］. 北京：科学出版社.

徐凤山，1999. 中国动物志 软体动物门 ［M］. 北京：科学出版社.

徐凤山，等，2004. 中国海产双壳类图志 ［M］. 北京：科学出版社.

徐凤山，等，2012. 中国动物志 无脊椎动物 第四十八卷 ［M］. 北京：科学出版社.

徐凤山，张素萍，2008. 中国海产双壳类图志 ［M］. 北京：科学出版社.

许慈荣，等，2000. 大亚湾临海动物实习指导 ［M］. 广州：暨南大学出版社.

许振祖，等，2014. 中国刺胞动物门 水螅虫总纲 下 ［M］. 北京：海洋出版社.

杨德渐，等，1988. 中国近海多毛环节动物 ［M］. 北京：农业出版社.

杨德渐，等，1996. 中国北部海洋无脊椎动物 ［M］. 北京：高等教育出版社.

杨德渐，等，1999. 海洋无脊椎动物学 ［M］. 青岛：中国海洋大学出版社.

杨文，等，2013. 中国南海经济贝类原色图谱 ［M］. 北京：中国农业出版社.

余汶，等，1963. 中国各门类化石 中国的腹足类化石 ［M］. 北京：科学出版社.

张凤瀛，等，1964. 中国动物图谱 棘皮动物 ［M］. 北京：科学出版社.

张虎芳，等，2006. 水生动物实习理论与方法 ［M］. 北京：海洋出版社.

张慧，等，2011. 金氏真蛇尾营养成分含量测定 [J]. 食品科学，32（9）：282-285.

张素萍，等，2008. 黄渤海软体动物图志 [M]. 北京：科学出版社.

张素萍，等，2016. 黄渤海软体动物图志 [M]. 北京：科学出版社.

赵汝翼，等，1957. 高等师范学校交流讲义 动物学 [M]. 北京：高等教育出版社.

赵汝翼，等，1965. 大连沿海习见无脊椎动物 [M]. 北京：高等教育出版社.

郑小东，等，2013. 中国水生贝类图谱 [M]. 青岛：青岛出版社.

《中国商品大辞典》编辑委员会，1998. 中国商品大辞典 水产品分册 [M]. 北京：中国商业出版社.

朱道玉，等，2015. 动物学野外实习指导 [M]. 武汉：华中科技大学出版社.

朱丽岩，等，2007. 海洋生物学实验 [M]. 青岛：中国海洋大学出版社.

邹仁林，等，1989. 珊瑚及其药用 [M]. 北京：科学出版社.